*God, grant me the serenity
to accept the things I cannot change;
the courage to change the things I can;
and the wisdom to know the difference.*

RESULTS 2017

Ilya Kogan

ISBN-13: 978-1978350625

ISBN-10: 1978350627

RESULTS 2017

Русский текст на стр. 157
Russian on page 157

TABLE of CONTENTS

1. PREFACE 3

2. LIFE 13

3. THE FOURTH DIMENSION 31

4. A MODEL of the UNIVERSE 46

5. EVOLUTION, BRAIN 66

6. GAYANE-OCTAGON 86

7. QUESTIONS for HISTORIANS 106

8. NONSENSES 126

9. NOTEBOOK (Suppl. 2017) 141

**10. MORE ABOUT MIND IN
   THE UNIVERSE (Suppl. 2017) 147**

Ilya Kogan

1. PREFACE

I found that I have forgotten to include in the book **RESULTS 2016** one chapter. The section is about evolution of the mind in the universe, which was prepared for several years. Its reading needs links to related topics. In this connection, it is sensible to reissue the RESULTS 2016, with minor changes and additions. The book will be replaced by **RESULTS 2017**. The new material is placed in the chapter **10. MORE ABOUT MIND IN THE UNIVERSE (Suppl. 2017)**.

However, in the life the mind evolved differently. I remembered my mom, she came from the military office (1945), where to her was presented a paper about the death of David (my middle brother). Suddenly, I heard a terrible groan, cry, or howl. She sang, "In vain the old lady is waiting for her son back home, she would told, she would wept ..." She brought the axe above her head, which I had a chance to withdraw. Yes, at 50 she became an old, very old, woman. Very old, very old, she hunched and her face become wan and drawn in a few minutes. This scene and a terrible sound periodically do visiting me. Apparently, this would be the last image in my life.

For every mother her son endlessly dear. The Commander can send millions into the fire (Rzhev) or into the waters of Volga; maybe one out of a hundred will reach Stalingrad. Then he calmly say, "Women give birth to new" (Zhukov).

In this connection, Chapter **9. NOTEBOOK (2017)** was added, in which there is something not included in the book **NOTEBOOK**.

I looked back and found a huge gap between my childhood and today. For this reason, at the beginning, my life is briefly described and highlighted in critical (or funny) points. The reader can be surprised by dates. In the United States, much was decades before. However, the production of modern weapons in the USSR did not yield in quality and surpassed in quantity. This is not interested in the United States to Socialists, which are called Democrats. They will remember the Galich songs when would be in Gulag, of established country. God forbid!

Ilya Kogan

I recall a few episodes of life, which could significantly influence it.

1941, I went to buy food, returned, and our train left. I sat down on the one, which told me that it is going in the right direction. Platform with glasses for shells. Came a group of boys. First, they eat everything I bought. Then play cards and the two winners said that they would take my hands and feet and throw from the train. I opened the penknife, took in the second hand a shell and said, come. The leader liked it. He was noticeably larger than the rest.

He said that I could recoup that I did. The gang galloped to Uzbekistan for the winter, where they come across and were determined to an orphanage. In the spring they stick up the orphanage and rode back to steal in Siberia. In Uzbekistan to steal was dangerous. Uzbeks scored with boots to death.

I did not have to participate in their affairs; I played as a couple with the leader. We won and others hated me.

When in the spring were sold the stolen goods at a Bazaar, I saw mom. Tracked and went to see her. She sold something from things and in that evening left from Margelan to Andijan where in a village lived (found via Buguruslan) Middle brother. He left Echelon three weeks before me. I explained to her the situation and said that necessarily come.

In the evening, at the station Gorchakovo was a roundup. Our leader was seized as a deserter. All ran away, and I found mom in her train.

Brother soon was called to the army. We moved under the Fergana, where lived the wife of mom brother. It turned out that in school I could not go, on the way boys beat me because I was a "dirty kirk". I could not go to class with a face filled with blood. I went as a machine operator apprentice to a textile complex. Work was a week from 7 am to 7 pm, followed by 7 pm to 7 am. Without weekends and 30 min break.

1944, was released Nikolayev, and we went back. I entered the plant as operator. Then in the industrial school as the Modeler on wood and in evening school. Brother was killed at January 21, 1945 and in his last letter, he asked me to learn.

1947, passed the last school exams, and according to results should get a gold medal. I was given all documents as for gold medal, but no certificate. Came the end of entering exams, and I cannot apply. I was called to school Director and he prompts to select what subjects I will put four and he would give me a simple certificate. Come to the Institute of Communication and was accept without examination. This frees me from the army.

Ilya Kogan

1950, finishing third year and mother had a stroke, she was paralyzed (the left side of the body). First, she was in the hospital and then at home.

In the morning, I go to the hospital and from there to the Yacht Club. Eat stale bread and water. I was given a boat at a student station. I noticed on the shore an accustomed boy and came to call him into the boat. He said that would introduce me to the girls. I meet, and one with a charming smile agree. Since that time, we are inseparable nearly 70 years.

Arranged with a woman who will live and help my mother. In October, I got a telegram to come urgently, mother left one. Doors open, jump into the apartment and hear a desperate cry, rather podsov (thing to help paralyzed). Go to pour podsov into the toilet, which was at the end of the yard. I come back and discover that in the cold apartment, in addition to the bed, in which is mom, broken stools and table, there was nothing. There were no rags or paper, mountains of garbage on the floor. Two small basement rooms, without electric lighting, the nearest water in the yard around the corner. In grocery stores, shelves are empty (1950), but no money anyway.

Established life, get up before light and get fire in the stove, feed Mommy and sit down for the tutorials. In the evening, go to Mila. Now, half a century after, I realized that it was my rescue, I was not thinking about the future. Endless, dark, winter evenings; what terrifying thoughts could be born in my head.

1951, It was discovered that for months I had not been at the lectures. I came on a day, passed the exams, laboratory, control, tests and so on. Rumor were that sick Mommy is my invention, in Nikolayev I was because of the girl.

I was called to a meeting of the Bureau of the Komsomol organization. Question about my exclusion and as a consequence the army.

My friend says to the Secretary of the Party Committee of the Institute Panshin (he was Chairman of the collection Commission and contributed to my University entrance), which was present, that is needed a break. He tells the truth, and Panshin asks me because in two months I must go to internship in Chisinau. I invented that the doctors said that in a month my mother rises.

They begin to offer help. Showing my student book where only fives I told that would manage myself. One girl said that she could travel to Nikolayev and help. I blew up and roared; thou you shalt serve mom podsov and sleep with me on the table. ... The silence and the meeting was closed.

Ilya Kogan

A month later, I once again arrive in Odessa, and there was a telegram awaits me on the death of my mother. Funeral, I left an open apartment and straight from the cemetery went to Odessa. Started a normal student life.

In postgraduate school, I have not been left, but the appointment was very successful. In Yerevan, was built an underground radio station, where I worked as a fitter and setter with the best specialists of the country.

1953, arrive in Nikolayev for Mila, we married. However, her "friends" warned me.
- You lived a hard life. Nobody knew the truth. No one I invited home, newer I told anyone about my life at that time.
- She is a horridly spoiled kitten; she is called Aristocrat at the University.
- You will not find a common language; consider this.

Reckless youth. In five days, Mila worked with me, we were given an excellent apartment (half of a house with a big yard). She has a very strong coloratura soprano. Voice resounded far into the mountains, and I knew all the operas and operettas parties. I listen to her concerts in the Gorge near the river.

Many years have passed, and we all this time are inseparable. It seems that we increasingly gravitate to each other. Of course, time affects. I have a constant weight, but a bit bald. It seems I am now not so firmly stand on two feet on the floor as on one hand on the railing of the balcony at that time. Mila retained mobility and so on.

1956, father-in-law calls us to Nikolayev. 16 April was abolished serfdom; we have the right to leave our jobs. However, in Nikolayev for me was no work, as well as in other 63 cities where I wrote. I worked temporarily as a Carpenter. I went to Moscow and in ministries' corridors asked each solid man. So met the Deputy Director of the Kirovakan "NIIAvtomatika".

We prepared to go, but I was called for four months on retraining officer courses. During this time came refusal from Kirovakan. Father in law went with me to the Second Secretary of the Regional CP Committee, and he helped me get position as an engineer at radio Center. A month later, I was fired. I have been looking at dirt road for a rocky plot to kill myself.

We took a counsel and decided that I should go to Kirovakan, and say that I was in the camps and the letter not received. Arrived, I immediately given a position and an excellent apartment. The letter was not from the management.

Ilya Kogan

Job put me on a gold mine "Technical Diagnostics".

1986, we in United States, from 70 (1999) in retirement.

The book mostly is the opinion of the author about nature (the world, the universe). Each chapter is a summary of books that are referenced in the beginning.

There are two alternatives, conservation laws and omnipotent force (very strong), which manages the world it had created. In the second case, all is either authors Fantasy, or describing the impressions from observing the actions of omnipotent power. In this case, physics and mathematics are equivalent, e.g. to Botany or History.

The author is convinced that in the existence of Nature lie conservation laws. Readers who do not share these principles do not agree with the outcomes.

One should always remember about the omnipresent Laws of conservation, and (as noted by Stephen Hawking) "*People are so pleased when they find a solution, that they did not care that it probably has no physical significance*".

RESULTS 2017

In case of conservation laws elimination, would be what decides the Almighty. Moreover, there is no matter what was proved by theorems or confirmed by experiments. **IT** might change its mind.

In my works are not analyzed and are not criticized countless works on this topic. Not just because it is an incredible challenge. Because none of the opinions (and even shades of opinion), which are described in detail, have not been dismantled (often rejected) by authors or their opponents. However, still there is no consensus.

In the works are abstract of the author views on the issue. Position expressed by the author does not pretend to be some discoveries. In cases where there is an apparent contradiction with common sense in the works cited, it is indicated. At the same time, according to the author, the provision made in the work are almost obvious and therefore do not require more serious justification.

The book is written as a transcript of my books. My English degrades. For this reason, I write in Russian and then translate. All the books are in two-languages. The English followed by Russian. An exception is the book of memoirs, in which is more than is described in the next chapter about my life. This is done to prevent the book to be too thick.

Ilya Kogan

2. LIFE

I, Ilya Veniaminovich Kogan, *Jew by nationality*, was born September 5, 1929 in the town Voznesensk. The structure of the first phrase was dictated as obligatory, by Colonel, Member of the CPSU, and head of Odessa Voroshilovsky District Military Committee. In 1952, the year we wrote our autobiographies for the award of officer rank. Words in italic were removed by the order of the head of Kotayk District Military Committee of Armenia in the 1953. Odessa's biography he gave me, saying that it is a document, certified by signature and the seal of Voroshilovsky military Committee. It could be valuable in future.

In 1932, a flood destroyed the town of Voznesensk and our House. We moved to Mykolaiv, where rented a kitchen in a basement. Most of it was occupied by a huge Russian oven. Oven required lots of fuel and in winter, it was cold. There were no electricity (in our kitchen), no sewage, and water supply. In my surrounding, there were a lot like me. We were missing near everything, but we are not starving. Note that even the Holodomor not concerned cities. Communists strangled the countryside population; access to cities was closed by the army.

1934, I and the other children ran out to the street. Clapped and sang when was flying a plane or a big car rides. Family photos can be counted on the fingers of one hand.

There were in my life bright sides too. In our yard lived: Dina Yakovlevna Zaslavskaya, her children were in the USA. Historian Vladimir Vyacheslavovich with wife - aunt Dusya. Engineer Anton Yakovlevich Karno with wife - Doctor Sofiya Solomonovnovna. I was the only child.

In Nikolayev lived my aunt, they have had no children. Her husband uncle Seryozha presented me splendid designers and different sets of tools. He presented wonderful books, subscribed for newspapers, and different publication like "For skillful hands".

1937, A.Y. bought a receiver and camera. Thru the gate of a military base that was next to us entered tanks and cannons. State delivered (free) radio spiker. At the corners on the posts, the state put up loudspeakers.

It was an unpleasant duty, getting around the streets and collect horse and cow dung. From it with

Ilya Kogan

coal crumb, we sculpted cakes, which were used as fuel in winter.

Yet, something was better than for many of my peers. Garden, in spring surrounded by multicolored lilac and other flowering bushes and trees. Three enormous silk tree giving food for two months. In addition, an elm, tremendous tree with divergent three trunks, branches were flexible as ropes, with a huge thick crown.

There were our tents, Indian outfits and bows. There I fixed my 10-year-old brother, by ropes. Closed windows and the door. I did a chess move and went to tell him. First, I tested how he is bound. I lost and perplexed, how he manages so quickly come look the position and again climb, and bind. That he can play "blindly" I did not believe.

My brother I adored, he was one of the best fighters, the teenage city champion in chess and swimming. The coach of the street football team. I have learned, being in kinder garden, along with my brother the first four classes.

1939, bread was rationed.

In 1941, the war started. We evacuated. First my brother, and then I missed the train. I flecked with some sort of a gang of thieves. Then I lived in an orphanage. I met mom in Margilan in 1942. Moved with her to brother in a village near Andijan. He was soon called to the army.

We moved into the textile town near Fergana. We lived in a room together with an elderly woman and mother with a daughter. They have survived the blockade. Only two, from a big family, survived. From them I know the details of the Leningrad blockade.

To the school I could not walk. In the street, I was stopped by boys who enjoyed clobber "zhidenka" (a Jew boy). If I tried to fight back, they grabbed my hands and beaten until the face has been bathed in blood. I used to run home and cry, not from pain, but from unfair insults.

Went to work as machine operator apprentice. The work was without weekends; a week from 7 am to 7 pm, a week from 7 pm to 7 am, 30 minutes break for food, which almost never was. At that time, I dreamt, in my dream day and night only food (any food). The feet were swollen from hunger and malaria attack every other day.

1943, my new router has its own electric motor. All other machines are moving from the pulley at axle under the ceiling.

In 1944 returned to Mykolaiv. I worked at a factory, but without shoes, I were not allowed to enter; in the wooden white pads, I was ashamed. I

Ilya Kogan

walked to evening school barefooted. Brother wrote that I must went to school, but instead of his officer's certificate came a death certificate and his orders. I went to trade school and to an evening school. Went according my age in the eighth grade (5, 6, and 7 I have not studied).

After ending school (1947), the officials tried to disrupt my admission in the Institute. According to the results, I was deserved a gold medal, but was given a simple certificate with a big delay. It was already too late to take the entrance exams, but I was accepted.

Moreover, here I am in the student dormitory. I sleep on sheets as other 17 my roommates. For the first time in my life, comfortable, fun, friendly.

It was difficult, I need to work and help my mother. Suddenly she had a stroke. She may not be alone paralyzed in a cold and dark basement. I look for her in Nikolayev and "learn" in Odessa. The second stroke and I am alone.

However, I finally felt all the charm of college life

1950, participate in the creation of an amateur TV station. In our room, one student (of 18) has a camera.

1952, assembler and adjuster of a powerful underground radio station. In addition to generators with lamps as my height, there are many interesting things. For example, the regenerators of the atmosphere and hermetic protection. I have my own camera.

In 1956, the father-in-law convinced us to move to Nikolayev. It turned out that I could find only temporally work as Carpenter. I was highly qualified in installation and configuration of electronic equipment. It was one of the most sought-after profession in the USSR at that time. However, this was the policy of the members of the Communist Party of the Soviet Union. I wrote to 63 regional centers, but nowhere was I needed. We returned to Armenia.

1957 simulate the control systems on analog computers. Programming on digital machines (1960).

I was three times invited by famous professors in postgraduate school. For various formal purposes, I was not allowed to entrance exams. Now in the United States (2016) was Election Company. Professors and students want to move the country into socialism. It is hard not to believe the lies of the Socialists. Churchill said that one who does not believe in socialism in 18 has no heart, but if one believe in 30, one has no brains.

Ilya Kogan

1987 simulate neural networks and genetic algorithms in the United States. Appears Internet.

This is my life, but this is the reality created by the members of the Communist Party of the Soviet Union. This is what is called for by professors and students in the USA. Apparently, "they do not know what they do". If, God allowed and they win, they would be the first martyred to the Gulag they created.

I lived there for 57 years and I had to meet and had lengthy conversations with very high positioned people. I studied the information flows in a typical Region of National automated control system. I was a scientific supervisor of this project.

My first job was in 1942, Assistant of an electric assembler. In fact, I worked from early childhood. The plate cleaning, furnace and so on. After the Institute, I was sent to the construction of a powerful underground radio facility in the mountains of Armenia.

Without supervisors defended Ph.D. and Doctor of Science dissertations. Next morning the academician Glushkov said: what have you done with my Cyber Center. It buzzes like a disturbed hive. Kogan from aside got 15:0.

Lived and worked in Yerevan, Kirovakan, Nikolayev, Odessa and Riga.

RESULTS 2017

In 1986 moved to New York, United States. In the United States worked with my wife to 70, and here we are pensioners. We live on the third floor of own house. Below are children and grandchildren who do not have time to visit us. They speak to me only in Russian; English is forgettable.

We are living together (married in 1953) and friends "go away". Those that are, do not drive and do not go down the stairs; we talk on the phone and occasionally visit them. We try to be mobile and yet it manages to; lifts-chair on stairs yet is not required.

2000, pensioner, many computers, photo cameras, car, refrigerators, TV, RADIO-phones. Automatically is maintained temperature. In the street, passers-by have phones-computers. Rarely an important event happen that someone is not captured on video.

Traveled a lot; in Europe, for example, were more than dozen times. Were in Japan, Singapore, Argentina, Brazil, and so on.

Was fond of gymnastics and rowing. In 1952 at the all-Union competition, was the second. Spectators at the Bank argued that our kayak first crossed the finish line. To me (secretly) was told that judges could not give first place to not a party member and a Jew. The champion in a month would go to the World

Ilya Kogan

Championships, abroad. Saying that the second became champion there.

List of my qualifications, only those that have been confirmed officially.

1942, Assembler of telephone networks (4-th level).
1943, Miller (5-th level).
1944, Toolmaker (6-th level).
1945, Molder (4-th level).
1945, Caster (4-th level).
1945, Carpenter (4-th level).
1946, Carpenter (red wood) (5-th level).
1947, Modeler (6-th level).
1952, Radio technician Engineer (diploma with honors).
1964, has defended the dissertation on the scientific degree of candidate of technical sciences (Ph.D.). Moscow, USSR ACADEMY of SCIENCES Institute of automation (the result of the vote, 16 for and 1 against).
1978, has defended the dissertation on the scientific degree of the Doctor of technical sciences. Kiev, Institute of Cybernetics of AS of Ukraine (vote 15 for, 0 against).

Decided to take summary of my books, which are dear to me and needed.
How things have changed for my life.

A LITTLE BIT OF POLITICS

I grew up as an ordinary Soviet boy. Talented "engineers of human souls" mihalkovs and marshaks inserted all in my head. I grew up as a convinced atheist. I was convinced that bourgeois want to take away my "happy childhood". Believed that religion is the opium of the people. Did not understand that the most Orthodox religion is teaching of the CPSU members. That many religions are political parties.

1933 Our worst enemies are capitalists. No more awful then Kolchak, Denikin and the like can be. Lenin defended the King only playing chess.

At the same time, I repeated with the Rabbi doleful prayer for my father and talked a lot with the Rabbi. Uncle Volodya discussed with me stories from ancient Egypt to the present day. A lot he talked about occurrence of religions and about "enemies of the people" like Trotsky. Women, which I saved in the evenings from mosquito with smoke, reminded me that I should study hard. Otherwise, I would not get the percentage.

In the year 1936 at the huge square "61 Communards", was an open process at the grandly people. There was tried a gang "speculators and blood drinkers". Apparently, by chance, there were only Jews. However, the crowd was told that finally is

Ilya Kogan

given to Jews good punishment. A member of this gang was mother's elder sister Hawa. She lived with her daughter and son in little dark room, where except rags, an old bed, one bedside table and a stool, was nothing. Later I learned that such processes took place in other cities. That is, it was a purposeful action of members of the CPSU throughout the country.

About the origin of the name of the square said a plate about these Communards, shot in the square. Uncle Volodya said that these were bandits and thieves, captured during raids in bazaars. They were caught and shot not in one day and in different places.

1939 Nazi Germany and its leaders, friends and enemies at the same time. Many teenagers had the swastika on their hands.

I do not know what instinct warned me from telling this in kindergarten and then to teachers at school. For the first time in 1939 A.Y., looking at my reviewing mountain of old books and negatives (photo of all "enemies of the people"), said that I should not tell anyone about this. Otherwise, uncle Volodya and he would be arrest. However, you for what, I asked, after all this junk is from his attic. Because I was not told, was the reply. With A.Y. I photographed, exhibited and published photo. With him discussed the fantastic machines that assembled from designers, presented by Uncle Serezha.

RESULTS 2017

I did not realize that I say one thing, think another, and do some third. Through the years, I have noticed that this is done by majority. Apparently, the Homo Sovieticus had innate (reflex) since ancient times. Why else they searched for Rurik.

2000, on Kolchak, Denikin and others are created movies and they with honor reburied in Russia.

I was asked many times whether I, a citizen of United States, have the right to discuss Russia's problems. I will not dwell on the issue of freedom of expression.

I worked in Russia for more than 40 years (for pension enough 25). My rationalization proposals and research have given multimillions for economic. Both of my older brothers were officers and killed at the front. My mother had two brothers. Moses, full Cavalier of the St. George Cross, was killed at the front in 1943. Victor, he commanded of artillery of Stalingrad (according to published memoirs) and retired as first Deputy Commander of the Kiev military district.

I was expelled by "Patriots - anti-Semites".

They have no right to speak about Russia. However, they again decide.

Ilya Kogan

MY WAY INTO DIAGNOSTICS

In 1952, in the P/B 1 of Yerevan I first encountered with testing of logical devices. Security and order of work of equipment provided by complex relay circuits. They contain hundreds of open relay contacts, which have not work properly. Find a faulty contact anticipated visually. I built for this test system.

In 1959, the Institute received a digital computer. Machine start working, but my first program did not run. In an accompanying documentation was written in bold: **"The manufacturer guarantees proper operation of the machine with the right tests running"**. However, one shift operation was carried out incorrectly, even though in the test were eleven operations for checking it. The analysis showed that two operations is enough and test would be good for checking shift.

Then I developed a "complete theory for test building", which was criticized (completely) by Ter-Mikayelyan. However, he recommended me to A. Lyapunov at the Institute of applied mathematics of the USSR ACADEMY of SCIENCES.

In the year 1962 at the international symposium in Moscow, my report "Control of Logical devices" was listened in English (simultaneous interpretation), by Professor J. P. Roth, who in 1964 proposed algorithm for designing test sets (D-Cubs). Proceedings of the Symposium with my report were published in the United States in English. It is hard to imagine that J. P. Roth had no copy of this book. Our reports were in the same volume. This was prior to the filing of his first work on diagnostics for publishing, but references to my work he did not placed. Report of J. P. Roth at the symposium was not on the diagnostics ("Pragmatic theory of algorithms"). My first publication (1958) he hardly have seen, but he knew about it for sure.

The first thesis for the scientific degree of Technical Diagnostics was prepared in 1962. In my thesis was not an obligatory section about the state of the problem in the USSR and abroad. In this regard, a Special Commission verified, why I have no references to publications by other authors. The Board found that refer to diagnostics impossible, they do not exist. Links to writings on mathematical logic and set theory I have had.

Tests were built not for the scheme they were for logical formulas. To this end, was developed recording of the scheme as a hierarchical logical formula equivalent the scheme (FES). Each point of the scheme is consistent with a letter or an expression in parentheses. Thus, all constant faults clearly appear in the formula. This allowed the recording of big scheme (even the whole computer) in a hierarchical

Ilya Kogan

system of FES. Later it was converted into a hierarchical representation of algorithms (HRA), which significantly advance the writing and debugging of programs. Widely introduce the system in the Soviet Union failed; however, some publications were. I started working in Citibank, but I had no luck. The Administration did not want to put software development dependent on one person. At the same time appeared the object-oriented programming with class libraries and operating system from Microsoft. The latter was more adapted to users; however, it did not give many opportunities of HRA. For example, HRA permits to automate program writing and debugging. In 1990 to Citibank came hard times and along with others, was closed the "Advanced Technology". Probably the only copy of the report is at my home.

I have developed and published in the journal "Automatics and Telemechanic" (1965; the journal was reprinted in English in the United States) an example for which J. P. Roth algorithm (1964) does not work. That is, it is not possible to build a test for a single fault in a simple devise. My algorithm (1958), and program (1962) in theses; allowed to build test for multiple failures.

In 1966, I proved inability to build tests for an arbitrary logical formula (scheme or program) without brute-force. I proposed to design devices adapted for being tested. For some types of schemes, I have proposed algorithms. There were got several patents for devises with testability. Initially, this position was rejected. Even in the 1970's at the International Conference in Leningrad, I was told by a group of American and French scientists in the field of Technical Diagnostics, that they have algorithms for any occasion. If I cannot, then my algorithms are not suitable. I offered an example of a schema for which building test for a single fault required a full loop through all possible input sequences. From this, it appeared that it was not possible to build a more efficient algorithm and the discussion ended. In the thesis for the degree Doctor of Technical Sciences "Synthesis well-testable discrete devices; theory and algorithms" the method have been advanced for circuits with memory.

Doctoral dissertation was prepared in 1971, but scientific councils, to which I have applied, refused to take it under various flimsy pretexts. Finally, in 1978, I managed in the Kiev Institute of Cybernetics of Academy of Sciences of Ukraine. Everyone said to me that I fail. The morning after my defending, the Director of the Institute (academician V. Glushkov) said, "What have you done with my Cyber Centre? It buzzes like disturbed hive. A Kogan from aside received 15:0".

It should be noted that by this time appeared thousands of publications and scientists in the field of Technical Diagnostics. However, the excellent

Ilya Kogan

specialists for building tests were long before. Even in the Bible it is written that after creating something new, God is assessed (i.e. diagnosed) it by its all-seeing eye ("and God saw that it was good"). From those distant times, people always tested (diagnosed) things they have created. The more this is done at the repairs. That is, there was no theoretical works, but the practice required to diagnose.

In the United States to continue work in the field of Technical Diagnostics, I failed. I was aware of the view that the establishment of all needed for SDI could be done. There is one problem – the system health management. However, citizenship was required everywhere. Someone told me that I should not so hurry to carry out the KGB job. I replied that he is an idiot and started looking for another job. Earning a pension, I can again do what I like. Nevertheless, during this time, I converted from a specialist in a narrow field to a cheerleader, knowing almost nothing about everything. At 70 years, I retired and start putting memories and ideas.

Ideas were born not today. From 1947, when I listened to College lectures on Physics and Thermodynamics, I disagreed with many of the "generally accepted" provisions. I tried to convince professors that the primary and omnipresent force in nature is gravity. This force leads to ordering. Rather it should be talking not about increasing disorder

RESULTS 2017

(Entropy), but about ordering. Professors did not discuss, they sent to many huge books.

These ideas were published on the author's website speculations.us and partially in the books.

To discuss these provisions I failed (from 1947).

Ilya Kogan

3. THE FOURTH DIMENSION?

3.1. INTRODUCTION

This chapter is based on the book by Ilya Kogan "THE FOURTH DIMENSION"

For calculating the rate of convergence of light flashes and trains, Einstein uses Lorentz transformation, which allows you to create another (convenient in this case) reference system. However, as pointed out by Einstein, "Of course this is not surprising, since the equations of the Lorentz transformations were derived conformably to this point of view."i.e., obtaining $x = C \times t$. See page 39 of the book "Relativity", A. Einstein, Three Rivers Press, NY.

3.2. AXIOMS

3.2.1. THE BASIC PRINCIPLES

Axioms are theorems, which are accepted without proving. They shall be believed as correct and provide a base of some scientific course. On the basis are treated the remaining provisions of this scientific direction. In this case, for proof rules, may be used statements from other fields of science. They are used as additional axioms.

I have heard from very reputable scientists that there are sections where mathematics does not help to find out the crux of the problem. They said that there are cases when it is better to use for proof (in mathematics) reasoning, based on common sense. I would especially like to mention the outstanding mathematicians as I. M. Gelfand, A. Kolmogorov, M. Keldysh and V. Glushkov, from whom I heard such allegations.

Perhaps this was meant by Albert Einstein, expressing the proposal, which is in Micheo Kaku remarkable book "Physics of the impossible", «Einstein once said that unless a theory can be explained to a child, the theory was probably useless; that is, the essence of a theory has to be captured by a physical picture. So many physicists get lost in a thicket of mathematics that leads nowhere. However, like Newton before him, Einstein was obsessed by the physical picture; the mathematics would come later.

Ilya Kogan

For Newton, the physical picture was the falling apple and the moon. Were the forces that made an apple fall identical to the forces that guided the moon in its orbit? When Newton decided that the answer was yes, he created a mathematical architecture for the universe that suddenly unveiled the greatest secret of the heavens, the motion of celestial bodies themselves. »

Many great scientists expressed thoughts like "give me theorems, and I find the proof for them". However, they are not proved axioms, i.e. contrary to themselves. Because unproven theorem, if it is adopted is an axiom.

For example, A. Einstein proposed axiom about the constancy of the speed of light. Next built a strong mathematical apparatus, which excellently describes some phenomena of nature.

Here, as throughout the book, such statements should not be interpreted as attempts to refute some (referenced) theories. However, the extent to which the whole theory and its powerful mathematical tool turn into axiom (or rather, increase the length of the original axiom) is unclear.

In this regard, it is interesting to remark, concerning recognition of the fidelity or Euclidean geometry and Newton's theory of gravitation. "The analogy between the political and scientific theories is then more far-reaching than is commonly realized: political ideologies which first may be debated (and perhaps accepted only under pressure) may turn into unquestioned background knowledge even in a single generation: the critics are forgotten (and perhaps executed) until a revolution vindicates their objections." (I. Lakatos" The Proofs and reputations" Cambridge, NY 1976, page 49).

Axioms are not always explicitly mentioned. Foundations of the Theory of Relativity are based on the axioms; as such selected conservation laws. For example, the formula $E = mC^2$ is proved under the assumption that the laws of conservation exist. The following must be found from them, the relation between matter and energy. Then, there exists a theorem (base) and is searched the proof.

The same can be said about the relativity of simultaneity. It knowingly exists if there are conservation laws. If is an impossibility of infinite speeds the relativity of simultaneity is in both fixed and moving systems.

3.2.2. THE BASE OF SIMULTANEITY

In the book Albert Einstein "COLLECTION OF SCIENTIFIC WORKS" in four volumes edited by I. Tamm, Nauka, Moscow 1965, pp. 541-544). A. Einstein holds a speculative experiment, in which long train moves along fixed rails and writes, "Before the advent of relativity physics tacitly took that time absolute, i.e. not dependent on the State of motion of a body movement. But we have just seen that this presumption is incompatible with the most natural definition of simultaneity". However, if are valid conservation laws, the speeds in nature are finite. Therefore, time and distance, light travelled during this time, are dependent.

Since this all started. Hearing such from Professor lectured physics; I am surprised and raised my hand (I have a question, 1948). It seemed to me obvious that "the reason for the relative simultaneity of events" and a perception of simultaneity of events derives from the limit of the speed of light. A first assessment of the speed of light gave Olaf Römer in 1676. It is more than 200 years before the RT.

It should be recalled that all provisions defining (a hypothesis or the axiom) that introduced in RT were before the mathematical models. Mathematical models are based on axioms and manipulate with the proposals of the axioms, which were confirmed only by reasoning. However, when you want to discuss with some specialist an axiom, one operates only with mathematical models. It is impossible to discuss the original axioms and reasoning held for their confirmation.

Instead of debating, Professor gave me a huge list of references. There I met some strange statements. The following was edited by A. Einstein.

(p. 25, A. Einstein, "Relativity, The Special and the General Theory", Three River Press New York, 1961). «Lightning has struck the rails on our railway embankment at two places A and B far distant from each other. I make the additional assertion that these two lightning flashes occurred simultaneously. If I ask you whether there is sense in this statement, you will answer my question with a decided "Yes."»

I argued that a "Yes" answer could not be given. Approval requires additional conditions. In the work, A. Einstein considers the case where at the edges of the wagon outbreaks of lightning (light pulses). In the middle of the wagon sits observer. Further, in the book A. Einstein, "Relativity the Special and General Theory" Three River Press, New York, 1961, which Einstein edited personally on page 26 is written, "If the observer perceives the two flashes of lightings at the same time, then they are simultaneous."

That is not to the observer seems to be, that is in fact both lightning occurred simultaneously. After this assertion, are held in support the Justice's reasoning. In fact, we prove that, under conditions of A, Einstein,

  - If the observer saw both outbreaks at the same time,
  - If outbreaks occurred at the same time, that is, simultaneously,

Ilya Kogan

- If the distance to both outbreaks is equal (the observer is in the middle is a condition).

Then pulses are simultaneous.

Is anyone able to object?

A. Einstein makes a reservation that is true until proven otherwise. The latter is for any axioms.

Receiving two simultaneous outbreaks seemed to me problematic. A. Einstein does not explain how to do this. At the same time, they (the two simultaneous outbreaks) allow you to talk about the relativity of simultaneity of events. I replaced the two flashes with one. Later I discovered that this was done by L. Landau. However, in doing so, he introduced a new contradiction.

Imposed by Einstein simultaneity definition, is based on the simultaneity of the two pulses. The simultaneity of these impulses had no definition at this time. It was given later.

In physics, as in geometry, it is desirable to clearly articulate the axioms (or facts) presented, on which is based the theory. If it is found the experimental refutation of some axioms, it can lead to a change (crash) of the theory.

3.3. ABOUT THE SPACE

From conservation laws, follows that, the universe is infinite in the existing space forever. The issue of governance and information sharing by the authors is not considered. Apparently, this is one of the main issues in this case. Remember, "Anything that is not forbidden is mandatory! » T. H. White. That is, everything that is not forbidden will come true.

3.4. SPACES

3.4.1. USUAL SPACE

Experience and common sense say that space has three dimensions. Great minds analyzed this question. Based on common sense, they have concluded that space has three dimensions. However, abstract thinking allows otherwise.

There are methods (isometric) for visual images on plane of 3D shapes. Under isometry, here is understood axonometric projection of the body onto the plane, allowing you to see the body as an object with a larger number of measurements than a flat sheet, which shows the body. For example, a three-dimensional or four-dimensional cube.

When talking about space, involve three-dimensional space with the bodies in it. The body is

Ilya Kogan

supposed to have volume and mass. In the space is acting the force of gravity.

Under the geometric figure would be understood the possibility to draw or model in 3D space the figure. The image or model may not correspond to the figure under discussion. For example, a geometric line (its model or picture) has a thickness. Apparent a point is, strictly speaking, the physical body. No matter it is a paint, it showing, or a beam.

You can talk about the plane or other two-dimensional surface. Lines or dots on it do not interfere when moving. For this reason, illustrative examples that explain three-dimensional world on the example of two-dimensional surfaces are incompetent. However, they are useful due to their visibility. Especially often discussed the behavior of the inhabitants of Mobius sheet. If the resident is a physical body, it immediately finds the true state of things.

Emphasize that in zero dimensional, one-dimensional and two-dimensional spaces the physical bodies do not exist and cannot exist, there is no volume. In 3D space (Fig. 1) may exist a physical body, and may be considered a three-dimensional geometric shape. For example, an iron cube or a portion of the same shape and size.

However, much is fundamentally changing. Geometric shapes can pass in three-dimensional space through each other like in fewer measurements. You can enter conditions that prohibit this. However, it is no longer geometry; this is physics and (partly) a physical model.

In the physical world it is, for example, to pass of one body through another without interaction, impossible if you do not enter specific (fantastic) rules. Some (e.g., in yoga) passes through walls. It is not specified whether there is movement of molecules of the wall in these events.

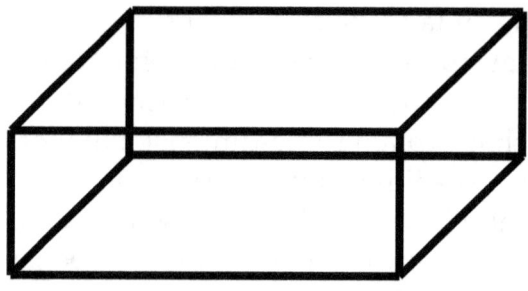

Fig. 1

Above I stressed that if in the 3D space meet two physical bodies their interaction takes place. They can keep away, mix, split, etc.

The relation of geometry and physics here is similar and occurs in other sciences. An example can be found in information theory. However, there introduced more confusion.

Ilya Kogan

For three-dimensional space are new properties of figures, for example, the volume. For any model, it is possible to enter a cube, covering the space of our model. You can accept one of its vertexes as the origin of coordinate system. Take a permanent unit of length for all three coordinate axes. Now any point of model inside the cube will have coordinates.

The concept appears of figure intersection, and they can use the same volume. Let me emphasize that before this could not be. Lines and planes had no thickness. It is in our abstract thinking they had several shapes in the same place.

For geometric shapes, this is not a problem. However, in real space with physical bodies, the situation is changing. You need to determine the laws for collision of bodies. The body can influence one another without touching. For example, due to gravity.

3.4.2. THE FOURTH DIMENSION

Isometric technique allow portraying on the plane a body with larger number of dimensions than two or three. An example would be a four-dimensional cube. Its image is in Fig. 2. I first saw this "miracle" in 1945. It was drown, as a riddle in the trade school.

Three-dimensional cube, as in its isometric picture, can be made in the three-dimensional space. Can be manufactured four-dimensional cube in 3D space? This issue has caused a lot of controversy in our trade school group. After all, we have yet any other space.

Is it possible the existence of space with more than three dimensions? I stress, this is not a mathematical function (i.e. fiction?), which describes the various settings that vary with the change of space coordinates and, perhaps, unrelatedly of these coordinates.

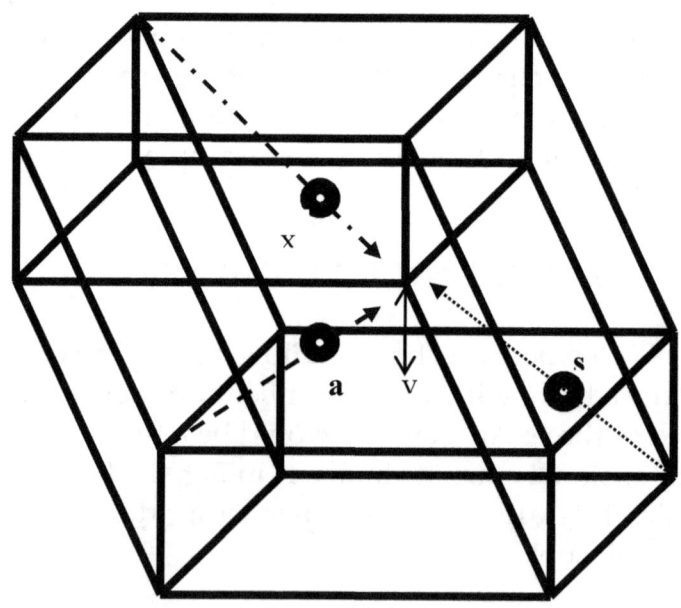

Fig. 2

Ilya Kogan

A separate question about introduction of new variables in the equation. For example, there is a function of three variables, the coordinates X, Y, Z. Now is added a feature and a fourth variable, for example, the dependency of speed (or temperature) of the coordinates X, Y, Z and density. Enter the multiplier, which change a new variable (density) to the dimension of length. We have dependence of the speed from four variables and each variable dimensionality is space. All variables are independent. However, the physical space, in which the process exists, remains three-dimensional.

Common example of this is the introduction of time with the appropriate multiplier as a new (fourth) space coordinate. Wrote and imagined the arrogant smile of "specialists".

Back to Fig. 2. In 4D space are moving massive, large size balls. All of them are moving towards the point (vertex) **v**, paths be specified by dashed arrows.

Balls s and x are moving along the diagonals of different cubes of three-dimensional subspaces. The ball s is moving in indeterminate subspace. Approaching the point v, not yet reaching this point, they will cross each other.

You can write that they are in different universes of Multiverse and forget even about mathematical abstractions. As they say, "paper remains". However, some hypothesis is needed. Introduction to a fourth coordinate, for example, as time or temperature does not give even a hint of a solution to the problem.

Figure 2 is given for illustration purposes only. In fact, if there is a 4-dimensional space, then each ball as any body simultaneously is within several three-dimensional subspaces. Picture shows this more clearly, when balls are approaching some point.

Surely, all exists in space, and in it, there is a coordinate system. Similarly, everything exists in time and you can add the fourth coordinate. There is always a temperature, that is, you can add a fifth coordinate. This can be continued.

Why "variable time" transferred to the dimension of length. You can enter the factor changing the temperature to the dimension of length. You can enter a factor converting time to the dimension of temperature. Not very convenient, but it is permissible. Apparently, we know that the temperature, density and so on are omnipresent, as space and time.

The above suggests that the existing space can be described by three dimensions of the Cartesian

Ilya Kogan

coordinate system. Adding an extra space coordinates seems impossible. A precisely a coordinates of space, rather than another physical nature variable artificially converted to the dimension of space. This conversion does not change the physical nature of the new variable.

The author does not claim that the absence of a four-dimensional space was proved. However, the above reasoning is no less convincing than one given by the proponents of the existence of the four-dimensional or eleven-dimensional spaces.

All examples and functions with a larger number then three-dimensional coordinates are convenient mathematical abstractions. Match of results calculated with these models in no way demonstrate that they accurately reflect the physics of natural phenomena.

Here it is good to recall that as said Max Planck, the observations we make do not form the physical world they only bring us messages from another world, which lays behind them and which is independent of them.

Apparently, the presence of a fourth dimension of space (exactly space) can be verified (and proven) only experimentally.

4. THE MODEL OF UNIVERSE

4.1. THE BASIC PROVISIONS

This chapter is based on the books *Ilya Kogan* "THE FOURTH DIMENSION", Ilya Kogan "QUANTUM COMPUTER is an illusory MIRACLE" and Ilya Kogan "The NATURE".

4.2. CONSERVATION LAWS

4.2.1. THE WORLD WITHOUT CONSERVATION LAWS

If there are no conservation laws, following is possible,

1. Anything can be created out of nothing and instantly.
2. Anything can be destroyed, that is instantly and will disappear without a trace.
3. At any point in the space can be something capable to perform 1 and 2.

That is in the nature are valid instant material (energy) processes.

Consequently, becomes possible all described in fairy tales and all sorts of wonders. Based on this are grounded "serious" works of physicists, such as instant display of an experiment results under the influence of consciousness, infinite strings in the eleventh dimension, journey in time, and the like.

Any of such SOMETHING can at any moment and independently create anywhere in the universe (and even outside the universe) a world with arbitrary bizarre laws. They can create new universes, which may overlap. However, they created the universe in which we exist, and it can fit into a dimensionless point. Here the fantasy does not have a limit.

4.2.2. BASIC REQUIREMENTS OF CONSERVATION LAWS

1. Nothing material (i.e. energy or matter) cannot be created from a dimensionless point. I mean not a very small point; I mean exactly a dimensionless point.

2. Nothing physical (i.e., matter or energy) cannot disappear, i.e. go to a dimensionless point.

From 1 and 2 follows that if there is a space in which there exists in time matter (energy), it exists eternally. I.e. space is infinitely in all directions and time is infinite in both directions. Any start must be initiated at some time. Otherwise it will never come. It does not matter, how is interpreted or understood what precedes chosen starting point, but it is equivalent to time.

3. Processes in the universe cannot have infinite speed. That is, matter or energy cannot move with infinite speed. In particular, the light should have an ultimate speed. This follows from the conservation laws. Since light carries energy, it has mass. This follows from the conservation laws.

4. If the light has a finite speed, then, seeming by observers simultaneity of events, is relative. **Then the relativity of simultaneity of events is not connected with the Theory of Relativity. Relativity of simultaneity of events is a consequence of conservation laws.** Here is not addressed the issue of priority. Here is considered the core of the problem.

5. The conduct of gyro and Foucault pendulum are consequences of Newton's first law. Actually is fixed the plane perpendicular to the axis of rotation. From the first law of Newton should be capable to fix the absolute direction in space, but practically it is easier to do with a gyroscope. The first law of Newton is a consequence of conservation laws. Without the impact of body, forces must maintain a continuous trajectory. In the isotropic three-dimensional space, it will be a straight line. Again, I stress that the issue of priority should not be considered. Consequently are not discussed the Newton genius works (discoveries).

6. Rejection of ether does not constitute a waiver of environment for light. Vacuum, even more, one with certain properties is also an environment. Changing these

properties will change the speed of light (the ultimate and final) in a vacuum. This can be applied to the expansion of the universe in the initial period, greater than the speed of light, which is determined by the properties of the vacuum in our surrounding. This allows hoping that it is possible to build machines with speed exceeding the speed of light in our vacuum.

7. In the world, there must be causal relationships, and in their sequence, the sequence of events is absolute.

List the consequences of conservation laws can be continued.

4.3. ABOUT THE SPACE

Open space model of the universe exist (at least will exist) forever in time and space. That is, it is assumed that the existence of time in one direction indefinitely is permitted. In this case, the new universe, if it appears, seemingly appears in existing space. How a new universe will coexist (interact) with existing space and time is not specified. The question is simply disregarded.

4.4. ABOUT THE TIME

Approximation usually is correct to some borders outside of which it lose accuracy and results can be paradoxical. For example, in the model (equation), time enables you to change the sign. Therefore, (as though) it can flow in the reverse direction. This means that all processes will flow backwards.

It follows from this that, for example, thousands of years ago was a battle. The bodies of fallen soldiers are eaten by other creatures and posted worldwide. Humus became food for plants that are eaten or rotted. Wind and river smashed their particles around the world. These phenomena occur repeatedly. Now, all these processes flow in the opposite direction. Warriors move backwards and become younger.

On such features great physicists insisted. In doing so, they ignored that this requires, for example, the absolute determination of the world. Could, e.g., in this case exist, such wonder as "Schrödinger's cat"?

4.5. INFORMATION

In the abstract information theory, Information is studied as an abstract concept, based on a unit of information the BIT. Bit has two possible values, such as Yes and No. In nature, these values are represented (encoded) by physical values. I recall that some immaterial, Almighty, All-knowing and All-seeing creature in the present work is not supposed.

YES, for example, can be represented by a pyramid of Cheops or some voltage value. NO may be coded as Mount Everest or other voltage value. Creator (engineer) of information systems transfer selects convenient option. Without such selection, the information transmission system cannot be created. Information transfer itself is impossible without the existence of a material (or energy) media. That is, message transfer is a sequence of Yes and No. This can be a sequence of pyramids of Cheops and the mountains Everest. This can be a sequence of pulses. These choses the Engineer-designer.

Calculations and laws of information transfer systems work conducted according to the rules of abstract information theory are the same, regardless of the media selected by the designer. Here is indifferent this are pyramid of Cheops or wavelength of light quantum. Obviously, technology of implementations would differ significantly.

It is essential that the information (i.e. media) interact with material bodies. Therefore, in accordance with the conservation laws, it is material and has a finite propagation speed. This has nothing to do with the price or value of the information. This is not considered in information theory; this is an area of game theory. How many times in the 1960-70 I have (without much success) to prove this in discussions at conferences (some international).

It should be noted that the understanding of information as physical phenomena that encoded some abstract phenomena or processes; is not consistent with the possibility of simultaneous existence in quantum computer register all possible values at the same time. This is not consistent with the view that in microcosm all possibilities exist simultaneously, which are in the probabilistic description of the process.

Proponents of the view that all possibilities exist simultaneously, must distinguish between the possibility of the phenomenon and the reflection of these phenomena in the binary information register. As I write this, I am not pointing to God what to do. The Almighty, All-knowing and All-seeing can do everything. However, I doubt that God would play any my desire. I wanted to play with a quantum computer and the Almighty to my services. It is ready to carry out any of my desire. Someone wanted to repeat the experience with Schrödinger's cat, are created new universes.

Such understanding of information follows inevitable, at exchange of information, is exchange of energy or matter. Therefore, such processes have a finite speed; apparently, this is the speed of light in vacuum. It will be lower if you selected encoding the pyramid of Cheops for Yes.

In the case of, for example, quantum computer required speed not in times greater. The speed may be needed as 2 in the degree of 500 (or 1000 or 1000000) times greater than the speed of light.

4.6. THE MODEL OF THE UNIVERSE

4.6.1. INTRODUCTION

There are theories to explain different phenomena. For example, time travel is considered the existence of multiple (infinite?) simultaneously existing synchronized universes. However, the authors do not consider the problem of synchronization.

Closed model assumes that the universe expands and contracts periodically. However, compression ends with the disappearance in a geometrical point with no space and time. Where, why and when would begin a new period of evolution of the universe? The question remains open.

In the present work, it is assumed model of the universe, for which,

There is an infinite three-dimensional Euclidean space. It will be called absolute space. The space is isomorphic and there is no preferred points. It is impossible to fix some point in the space. I would emphasize that this does not mean that it is impossible to measure the absolute speed.

There is an absolute time, which has no beginning and no end.

In absolute space randomly distributed matter and (or) energy.

All the mentioned existed, and will exist eternally, and regardless of any observer or consciousness.

These provisions follow the conservation laws. If you cannot create something out of nothing, it existed forever. Similarly, if you cannot turn something into nothing, then it will exist forever. Matter is in constant motion, for example, under the influence of the force of gravity, light pressure, explosions, etc. the more matter in a certain place, the greater is the attraction, gathering more matter into this place. The result is a huge black hole. Pressure reaches some critical point and the big bang (BB) forms a new local universe (u instead of U). This local universe is called the "Universe" in existing models, and it is assumed that it is the only one. The actual process may go through a period of oscillations with powerful electromagnetic radiation. Nevertheless, over time a BB happens.

Depending on the strength of the BB, there will be a closed or an open universe. Open universe can become a closed one, if the ambient space would add matter to it. This can happen with a closed universe, if neighboring universes squeeze part of its matter. In our universe, there are galaxies with a blue shift. It can be assumed that they came to our universe from the surrounding space. That is from neighboring universes.

It is "well known" that the universe cannot be infinite, because in this case, for example, the sky would have infinite luminosity. Why not assume that thick enough space becomes non-transparent, that the light or meteorite would stopped with a dense screen of matter. An infinite series can have a finite sum. For the average luminosity in the universe, this is applicable if the density will be greater than some limit, e.g., the distance between the universes will be greater than a certain value. Alternatively, there is a screen in space, for example, interstellar matter.

However, it is funny that physicists and philosophers, living in space with a limited medium density of matter (energy) argue that if the universe would be infinite; at each point of it would be infinite brightness. That is, infinite energy (matter) density at each point.

4.6.2. THE STRUCTURE OF THE MODEL

In the big bang model, BB is similar to an ordinary explosion in the center of a ball. Matter spreads in all

Ilya Kogan

directions in the existing, prior to the blast, space. The velocity of matter, located closer to the surface of the ball would be greater. Thus, the visible universe seems to be expanding. Objects located farther have greater red shifts. With time, the speed of movement slowed down under the influence of gravitational forces. The velocity and red shift of galaxies with time decreases.

Would be the new local universe a closed or an open depends on the density of matter and initial velocities. This may affect the gravity of other local universes and coming into the space outer matter.

The foregoing may be summarized as follows. The observed expansion of the universe is a movement from the center of BB in existing space.

Observations show increasing velocities (red shift) with distance. This corresponds to the most remote bodies, their state 10 billion years ago. With such interpretation is not raised issues about the increase over time of the distances in the solar system, or within atoms. Some authors argue that the movement in the not pure vacuum would lead to inhibition of celestial bodies by diffused interstellar matter. In principle, this is true.

Let us estimate the allowable density of interstellar matter. The Earth moves together with the Sun at a speed of 220 km/sec or 2×10^5 m/s, speed of light 3×10^8 m/s. For 10 billion years, the Earth runs 10^7 ly (light year), or 10^{23} m. *All calculations are carried out with an accuracy about a decimal order.* Cross-sectional area of the Earth is 10^{14} m². Taking Earth weight 10^{25} kg, we obtain 10^{11} kg per sq.m of cross section. Let the Earth during its existence (10 billion years) lose 10^{-8} speed because of interstellar matter, i.e. it meets for every sq.m. 100,000 kg of matter. For the cylinder of length 10 billion ly medium density will be $100,000/10^{23} = 10^{-18}$ kg/m³.

For celestial bodies more massive there would be much less breaking. Error by several orders of magnitude does not change the result - **the phenomenon of breaking because of encounters with interstellar matter may be disregarded in determining velocities of celestial bodies. At the same time, it is quite permissible density of the interstellar matter, making space billion ly thick not transparent.** Note that braking can be significant for interstellar ships.

Consider the impact of the expansion of the universe, in the conventional sense. That is, assuming that there is stretched space rather than matter flying in different directions from the center of the blast in the existing space. In this case, must increase the distance over time. For example, the orbital radii of planets or the orbits of electrons in atoms. The Hubble constant is 50 km/Mparsek = 50 km/s / 3×10^{22} m = 1.7 m/s/10^{18} m.

For the Earth orbit radius 1.5×10^{11} m, we get 10^{-7} m/s. For a billion years, it is 100 m. This is a measurable value. **The conclusions of these measurements can serve as an argument against the**

Ilya Kogan

adopted version of hypothesis of the expansion (stretching) of the universe.

4.6.3. SKY LUMINANCE

4.6.3.1. MODEL

Consider the following geometric model of the universe. In the center is our universe. Then layers of space 3000 billion ly thick. The latter figure has the following justification. With a radius of 15 billion ly universe volume equal to 10^{31} cubic ly. The volume of one Galaxy approximately is $10^{31}/10^{11} = 10^{20}$ cubic ly. Our Galaxy is shaped as disk with diameter 100000 ly. The volume of a sphere is equal to 10^{15} cubic ly, however, it has form of a disk and its volume is less than 0.1 volume of a sphere, there is 10^{14} cubic ly. The ratio of the radius of the space for the Galaxy to Galaxy's radius is from 100 to 1000.

It was taken 200, 15 billion ly x 200 = 3000 billion ly.

On the surface the first layer with radius R1 = 3000 billion ly would fit from 15 to 20 universes. We will take 20. The surface area of the layer will be S1 = 10^{26} sq. ly. In layer n is n^2 x 20. At the same time **Rn = R1** x **n**. Thus, number of universes increases and decreases in same proportion brightness. Therefore, the total brightness of each layer is the same. Given that the angular dimensions decrease with distance, each layer screens the same surface of the sphere as the first layer.

If all the radiation comes to our universe, with infinite universe we get infinite brightness. This is an absurd, since in this situation at any point in the space is infinite energy and matter density.

We take the radius of the universe 15 billion ly, then its square cross section equal to 10^3 billion squire ly. For 20 universes of the first layer, it is 2×10^4 billion of squire ly, or 10^{22} sq. ly. Therefore, universes of the first layer screens approximately 10^{-4} of the sky surface. For reliable screening, about a tenfold is needed 10^5 layers. Therefore, total additional luminosity of sky will be equal to 10^5 of the first layer universes.

4.6.3.2. LAYER LUMINOSITY AND EXTRA LUMINOSITY OF SKY

The vast majority of galaxies have luminosity less than 24 or 10^{-10} luminosity of the first magnitude star. From a neighboring universe, they will be visible in 200^2 or 10^4 times weaker. In the universe, there is 10^{11} galaxies and their total luminosity is equal to 10^{-3} of a star of the first magnitude. Since in a layer are 20 universes, then the total luminosity of a layer is equal luminosity of a star less than 5-th value.

Total 10^5 layers of the screen add brightness as from 10^5 stars of 5-th magnitude. Obviously, error by several orders of magnitude does not affect the conclusion: **infinite universe has virtually no effect on the brightness of the sky.**

4.6.3.3. THE ABSORPTION BY INTERSTELLAR MATTER

Above was not taken into account the absorption of interstellar matter. Since the universe exists forever, the interstellar dust scattered randomly throughout the space. To absorb half of the radiation on the 3000 billion ly enough absorption roughly 0.0001 at a billion ly. Above, in determining the inhibition of celestial bodies have been shown that it is quite small and it is quite permissible density of interstellar matter.

In this case, the sum of an infinite number of layers radiation will be (as the sum of a geometric progression) only two layers, i.e. the total brightness of the infinite universe adds luminosity as two 5-th value stars. Screening discussed above can only reduce the luminosity.

It is expected that the development cycle of the universe between BB roughly is about 10^{11} years. It is obvious that a quarter of this time luminosity of galaxies is significantly reduced. This can reduce the additional luminosity of sky.

4.6.4. BRIGHTNESS OF BIG BANGS

Approximately in 10^{11} years local universe experience a BB. In the first layer, it happens once in 5×10^9 years. In the second layer once in 1.25×10^9 years, in the third in 0.31×10^9 years and so on. The brightness of this phenomenon can be significantly higher than luminosity of a universe through billion years after BB, i.e. when the universe cooled and its radiation decreases. Apparently, the appearance of BB is associated with an unknown phenomenon, when a certain threshold is exceeded, the density rises and the substance is converted. Perhaps the whole matter turns into energy. Because the internal pressure exceeds the gravitational, an explosion takes place with spreading of matter and radiation. This phenomenon is called BB.

There is a high probability that the attraction of matter, i.e., compression of the universe is not symmetrical. In this case, instead of symmetric explosion, in which the movement of matter and energy is in all directions, the picture can be, for example, the following. Critical density is reached in a place, which is located relatively far from the center and close to the surface. Explosion opens the surface with a powerful radiation. At the same time, falling pressure stops the reaction of transformation and surface closes. After some time, the process is repeated.

Ilya Kogan

Given the enormous forces, period may be small. This process can be described by simulation on computer.

Each subsequent "surface" explosion will come nearer to the center, since by the blast pressure will fall. Thus, the process will go in the direction of BB.

At the same time, this process is very similar to the description of a quasar. When first introduced, information about quasars, I tried to publish the provided view (about 1970).

According to the existing theories in the initial period after BB, the universe was expanding at greater speed than light in today vacuum. However, this fact is contrary to the limit on the speed and is silenced. However, this is apparently possible.

Fizeau experiment may not testify in favor of the theory of relativity, as A. Einstein argues. Rejecting the word ether, and replacing it with the word vacuum with certain properties, was rejected the existence of the ether wind. Why "water wind" in the experiment of Fizeau is allowed.

Light apparently is distributed in vacuum, whose properties are changed in the presence of water. This view helps to explain the possibility of expansion of the universe in its early stages at speeds higher than the speed of light in today vacuum.

In high-temperature plasma with huge pressure, vacuum properties (e.g., dielectric and magnetic permeability) may be different. If the speed of light is ten million times larger than the current, motion with a speed equal 1,000 current velocities of light is quite normal at those enormous forces.

In this case, radiation of rapidly expanding universe would be reduced by absorption of matter, which surpasses the light. Once the light is moved outside the space of huge temperatures and pressures, its speed decreases, and it turns out to be partly within matter moving from the center. This reduces the brightness of the BB.

This process can significantly reduce the force (brightness) of BB radiation.

4.6.5. THE BLACK MATTER AND (OR) BLACK ENERGY

In this section is grounded the hypothesis that the phenomenon, which is called black matter and (or) black energy represents the cosmic microwave background and other radiation. This assumes that:

1. The radiation uniformly dispersed in space with an average density of 500 quanta per cubic centimeter.

Ilya Kogan

2. Electromagnetic energy has a gravitational field corresponding to its rest mass. For example, Stephen Hawking was considering the possibility of the existence of black holes from electromagnetic energy, which confirms the validity of such approach.

3. Gravitational mass of a quantum of electromagnetic energy is equal to the mass of an electron. Conversion of electron and positron into two quanta of electromagnetic energy support this. This conversion exists; in this case, it does not interesting how, if the conservation laws are respected. Neither energy nor mass cannot appear out of nothing. **For example, elementary particles are miniature stable energy black holes, which concentrate (consist of) energy of electromagnetic quanta.** Apparently, there are a number (set, sequence) of such stable states corresponding to different elementary particles.

Below all calculations are rounded to the precision of an order. This will not affect the quality of the picture.

Source data:

Electron mass 10^{-27} g.
The mass of the Sun is taken equal to the mass of the solar system 2×10^{33} g.
The radius of the solar system (the orbit of Neptune) 4×10^{14} cm.
The solar system volume is 3×10^{44} cubic cm.

The average density of the solar system 0.7×10^{-11} g per cubic cm.

The average mass of a Galaxy (10^{10} stars) is 10^{43} g.

The radius of an average Galaxy 10^{22} cm.

The volume of an average Galaxy 10^{66} cubic cm.

The average density of a Galaxy is 10^{-23} g per cubic cm.

The average weight of a local universe (10^{12} galaxies) is equal to 10^{55} g.

The average radius of a local universe 10^{28} cm.

The volume of an average local universe 10^{84} cubic cm.

The average density of a local universe 10^{-29} g per cubic cm.

The radius of a local universe with the adjacent (empty) space 10^{31} cm.

The volume of the local universe with the adjacent space 10^{93} cubic cm.

The average mass density in space 10^{-38} g per cubic cm.

The average density of the radiation of 5×10^{-25} g per cubic cm.

From the given values would follow:

In the volume of the solar system, density of star mass exceeds the density of inter-star (black) matter in 10^{13} times. Therefore, the impact of black matter and (or) energy is so small that it can be neglected.

Across the Galaxy, mass density of stars superior density of radiation about 20 times. Therefore, the impact of black matter and (or) energy should be taken into account when are strict calculations.

In the local universe, mass density radiation exceeds the average mass density of stars in 10^5 times. Therefore, the influence of black matter and (or) energy is dominant.

For cosmic space, radiation exceeds the average mass density of stars in 10^{14} times. Therefore, the effect of black matter and (or) energy is the dominant and the influence of the mass of the stars and planets can be neglected.

5. EVOLUTION, BRAIN

5.1. OUTLINE

The chapter is based on books, *Ilya Kogan "HOW THE BRAIN WORKS (second edition)" and Ilya Kogan "SINGULARITY, WHERE IS IT? (Second edition)".*

It discusses the development of creative systems. That is, systems capable of purposeful actions. This include the human brain, or artificial intelligence.

Initially, is given attention to ways of evolution from the first living cell to self-learning human brain. Further considered the possibilities of the singularity.

5.2. LABORATORY FOR ANALYSIS OF EVOLUTIONARY DEVELOPMENT

To conduct speculative experiments for analysis of the evolutionary development of organisms would be created a special contemplative Laboratory for Analysis of Evolutionary Development (LAD). The objectives of this laboratory is to develop and test the necessary basic steps needed for conversion one organism into another, different from the first one.

In many books may be found sequences of pictures, which show the evolutionary process, as a sequence of images from a four-legged animal to a human. Despite the clarity of the presentation, it does not answer many questions.

The objectives of the laboratory are the study of the evolution of a body and its transformation into more highly organized creature. The evolution path is divided into a sequence of small steps that meet the specified criteria. For example,

- The next step, which distinguishes the body from its predecessor, can be obtained by a simple mutation.

- The new creature differs from its predecessor due to the transmitted information, which is derived from the properties acquired by life experience. In this case, we analyze the possibility of accumulation of such information. Note that in this case, the modified genetic information, which is transmitted, includes elements of experience. That is, it is not the result of mutations.

- There is analyzed the viability of the modified organism, i.e., the viability of offspring for each step.

- There is analyzed and is selected the portion of the accumulated information, which should be included into the transmitted one. There are analyzed the possible mechanisms of creating transmitted information and mechanisms for adding it to the genetic information.

Thus, LAD is building the permissible and possible evolutionary chain from, for example, single-celled organisms to a given organism. It is desirable that the chain passes through the known organisms, that is, the relic ones. That is the intermediate organisms of the created chains were close to the known ones. After all, in fact, the evolutionary chain is the average statistical sequence.

Darwin's observations describe how in an isolated area some species replace the others, which do these tasks in the known areas. This is quite possible to implement by combining the experience gained through the life of different generations. That is the experience is accumulated by many generations. Without a mechanism for transferring genetic information acquired through the life this is impossible, at least it is hard to imagine, what was observed and described by Darwin.

Ilya Kogan

It should be noted that the inherited experience of the acquired information plays an important role and its capacity can be significant. Let us look at the beaver. In addition to the body structure, it is transferred the ability to build a beaver dam. Then, the beaver can maintain the water level. It can build an unusual dwelling yield under water and strong enough. Because predators know that under the roof is food, but cannot reach it. In addition, a lot of other information related to the behavior, not to the biological structure is passed in the genetic information.

In this context, is interesting to compare the volume of information related to the biological structure of the body, with the amount of information transferred for congenital reflexes. That is to define their relationship in the embryo.

In the development of the body from the embryo are repeating, to some extent, the preceding evolutionary forms. I wonder whether there is in the germ cell information about congenital reflexes related to all the preceding intermediate forms.

For the specified reasons, in the process of creating the evolutionary model, LAD allows transfer of acquired information. It should be emphasized that this assumption significantly changes and accelerates the process of evolution:

1. Acquired information can change the body much more than a random mutation.

2. Acquired information can be the result of not only random but also purposeful actions. That is, this is a more efficient process of evolution than mutation.

3. Mutations significantly more likely may lead to degradation, not to development, rather than acquired life skills.

Let us consider how the LAD works. Suppose that in the beginning of the analyzed chain of evolution is a single-celled organism, but in the end are humans. Between the beginning and the end are putted all known organisms that are steps from the evolution of a microorganism to a human. Further is performed similar analysis for any two adjacent points. If necessary, are entered additional intermediate organisms.

The objectives of the LAD include, in particular, the determination of a series of sequential steps that would create a mechanism for the accumulation, storage and transmission of inheritance the acquired information.

5.3. FROM THE AMOEBA TO THE NEOCORTEX

Approach outlined in the previous suggests that different ways of information processing the nervous system have; to the great extent have the quantitative differences. That is, the new features of organisms do not appear abruptly and in a way that much differ in structure (construction) from its predecessors.

First, you can follow a systematic development of simplest (single-celled) organisms to organisms with the organization, which includes the specialized nervous system. It is important that each mutation leading from the amoeba to human, should not lead to a deadly standoff. That is, that each intermediate step was viable and competitive.

I recall that in this work is supposed possibility of constructing a chain in which adjacent elements are slightly different and viable. Development comes from the neural system, where in the memory is "sewn up" thesaurus of reaction to stimulation of muscles (ROM). Then there appear memory with a variable thesaurus (RAM). Some creatures remember the images of the enemies, and food. Others are able to remember the mathematical proofs and develop such constructions. Qualitatively, this is a huge difference. The question is, how fundamentally different is the structure of the elementary cell of the neocortical cells from other parts of the central nervous system of the lower organisms. I wonder how much this is a qualitative difference determined by the number of similar elements in the compared nervous systems.

There should be a chain of elementary steps from the spider nervous system to the nervous system of the dog that drives a car. Then a chain to the human nervous system, where is designed a theorem of mathematical logic.

Specialists have found that the neocortex contains about half a million nearly identical elements (columns). Each column is up to six layers, and contains about sixty thousand neurons. These neurons may have contacts with other columns and parts of the brain. It is easy to imagine for such a system appearance of new similar columns and connections. If the development of the neocortex lasted a hundred million years, one column was added in 200 years. Evolution is not in a hurry.

This could be the result of natural mutations, and perhaps evolution has built a mechanism to add new columns. There would not be a problem for the LAD to create a sequence of simple mutations, which would create such a possibility. The work of such a system is similar to the existing systems, e.g., for the transfer of information acquired by inheritance, and to the mechanism for recovery of new organs. Thus, it is quite natural assumption. Determining their validity is easy. The autopsy is performed frequently. If it gets tight, then, first, would not be changed the size of the skull; the surface of the neocortex bends and wrinkles appear.

Ilya Kogan

These theses are repeated many times in the work. That is forced into the reader the idea that the forms of organisms and processes in the nervous system should not only be rational. It is not enough to offer a great scheme of the neocortex efficient work. It is necessary that such a scheme, its structure and operation could be obtained because of evolution. That is, there must be a way of small changes leading from an amoeba to a human.

5.4. ON ALGORITHMS FOR BRAIN FUNCTIONING

Imagine the nervous system as a set of parallel chains of logic, as neocortex. Consider the simplest and quite possible mutations that apparently would not lead to an interruption of evolution.

In the neocortex, mutation can occur in the form of increasing the number of chains (columns). This is a simple process; however, it leads to an increase of logical power. Simultaneously will be an increase in the storage capacity.

Mutation can occur in the form of "gluing chains". This can be represented as appearing of an additional axon and due to this; a signal is transferred by axon to some point of another chain. Such a mutation may significantly change the logic possibilities of the system. In the system, there appeared many additional ways and many corresponding new logical solutions. In an automaton with a complex structure, one such new connection can form additional tens of thousands new ways. That is the power of logical possibilities of the brain is increased substantially. This increase is not proportional to this simple mutation.

Described simple mutations allow suggesting that the brain has an (a control) area, which works similar to a sequential machine. Moreover, such a region can be developed in small steps of evolution. New information adds a new chain. When minimized, it is combined with the existing network and many new ways appear. This set of additional ways is, to some extent, proportional to the volume of the existing system. That is, the more complex is the brain network, the more new associations appear in the brain when is added some new input information.

These phenomena may help to explain the known phenomenon of learning. To a person were told the rules of a not known game. After hearing that, the person immediately begins to play this game, and even beats the teacher. **It is difficult to explain this phenomenon based on neural networks, genetic algorithms, or recursive computations. Hardly possible to determine small steps on such basis.**

The above allows formulating as a theorem, the following well-known statement. **The one, who has more wisdom, creates more new knowledge, using the same additional information.**

Ilya Kogan

For many millenniums, the humanity knows and uses this phenomenon. This may be expressed in a following way. The human intelligence (**H**) may be defined thru the following notions:

1. Thesaurus (**T**)
2.1. Understanding (**U**)
2.2. Perception (**P**)
3.1. Reasoning (**R**)
3.2. Judgment (**J**)
4.1. Intuition (**I**)
4.2. Imagination (**M**)
4.3. Creativity (**C**)

Let us assume that there is a possibility express quantitatively these components and that the function, which expresses the intelligence based on them, is known:

$$H = f(T, U, P, R, J, I, M, C) \text{ or } H = f(T, \ldots)$$

Let there be two intellects, which are given some additional data. This may be expressed as enlarging their thesauruses by the same value **dT**. Then the theorem may be expressed as:

Theorem. *When a constant amount is added to two thesauruses, the greater intelligence receives a greater enlargement,* or if $H1(T, \ldots) > H2(T, \ldots)$, $dH1 = H1(T + dT, \ldots) - H1(T, \ldots)$, and $dH2 = H2(T + dT, \ldots) - H2(T, \ldots)$, then $dH1 > dH2$.

Similar expressions can be written in case of increment of other components of intelligence. These components can be enlarged, for example, because of training or learning.

Scientific works were held, confirming that the minimization increases the finite state machine's capabilities.

5.5. CONCLUSIONS

Above was focused on the evolutionary process that resulted in the creation of human ability to abstract thinking. One should not forget that **the evolution is not sophisticated and not malicious it is inevitable**. Manifestation of the evolution of nature going on constantly. In appropriate circumstances, life appears then intelligent life, which is replaced with the technological society. **The universe is eternal and infinite and life existed there infinitely long.** Life is not necessarily arises from the "inanimate" nature, it can be brought from other parts of the universe with meteoric dust. This life is represented by unicellular organisms. Further development occurs regardless of the evolution of other local universes or galaxies.

The outcome of the LAD will be most probable structure of the individual of a functional society. This primarily refers to the human nervous system in the Earth conditions. This is the main theme of the LAD. You can review the development of life in the ocean, in the absence of land, or the development of life on a Jupiter's moon.

The establishment of brain processes or the analyzers or process mind reading, do not require detailed knowledge of the brainwork. Processes that have been developed as a hypothesis of brain activity can be highly effective, regardless of how these hypotheses coincide with the real goal and how they correspond to the actual organization of the brain.

The aim of the paper is the idea that the structure equivalent to finite state machine must be an essential part of the brain. First, such opportunities should possess a neocortex. **At the same time is stressed, that structure equivalent to the state machine is the most likely structure that may appear in the course of evolution.** It should be noted that state machine is not a most efficient mean for processing information. There are many better schemes and algorithms, such as neural networks, genetic algorithms, probabilistic methods (Monte Carlo), and many others.

Does the evolution found the most perfect information-processing device, which is implemented in the human brain, is not yet clear? Under the perfection here is meant a system that allows you to get the highest IQ. If so, we are not facing danger from singularity.

What will happen to us if Singularity IQ can greatly exceed human IQ? - I do not know.

5.6. ABOUT SINGULARITY

"The future always looks different from how we are able to imagine it".
Stanislaw Lem

"But, you see, IT (a computer created by story-teller. I.K.) had possibilities and knowledge exceeding all

three billion humans on the planet. The idea that IT could serve us, was such a nonsense for IT, as for humans would be a proposal, let us say, to support the existence of eels with all our knowledge, all our technical possibilities, civilization, intellect, and science. I tell you, this was not a question of rivalry or enmity; we already simply were not taken into consideration.
............………..
If we started to counteract IT, IT could start to behave toward us the way we do toward the insects or animals that disturb us. We do not really hate, say, caterpillars or mosquitoes …"
Stanislaw Lem, Lymphater's Formula

5.6.1. PRELUDE

The singularity is inevitable and near, says the brilliant Ray Kurzweil book, "The Singularity is Near, When Humans Transcend Biology". This book gives an interesting picture on how the computers influence the human society. It is difficult to overvalue it.

The law of Accelerating Returns, formulated by Kurzweil is not in doubt, in some certain limits. However, it may have restrictions. At the same time, the speed of Singularity development is incompatible with the speed of possible development of the human.

More and more attraction is given to informational - social notion singularity. The subtitle "When Humans Transcend Biology" does not exactly reflect the situation. More suitable would be "when technology remains without humans". The book gives an interesting picture on how the computers influence the human society. It is difficult to overestimate its value.

The future of humankind and role of the Artificial Intelligence (**AI**), or, to be exact, of the Narrow Artificial Intelligence (**AIn**) and its influence on the society are described perfectly and brilliantly in Kurzweil book. On the other hand, I have doubts about the strong, or General AI (**AIg**).

- Is it possible? E.g., would a computing device, which performs 10^{80} ops (operations per second), work? A steel rope has a length limit exceeding which it would break due to its weight. The causes for limiting the computing power are many.
- What would the Singularity prefer: a single being or a society of equal Singularities? On one hand, the latter might increase the opportunity of survival. On the other hand, it might limit the population. At the same time, it might enlarge the cultural level of its members and their interest for life. I am speaking about THEM as about humans. I am not the first; please see Stanislaw Lem's "Do you exist, Mr. Jones?"

Anyway, can we expect the singularity? – For sure, it will come!

Singularity is as inevitable as the appearance of higher biological systems. This is an inevitable consequence of evolution. Will people be members of the society of the future? Finally, I am terrified that the singularity, this unknown Golem, is so near.

5.6.2. ON THE SINGULARITY

For the absence of doubt, a singularity below is meant as a computer system much superior (e.g., more than 10^{20}) the possibility of the entirely human society. At the same time, the rate of changes of the environment will increase considerably. Changes that occur in one second, perhaps significantly exceed all changes for the second millennium, that is, from 1000 to 2000. I wonder how it will accept our eye, what it can see. I think that the singularity is a person that is the Singularity.

5.6.3. ON INFORMATION EVOLUTION OF THE UNIVERSE

Darwinism does not involve purposeful evolution. As it is noted by Einstein – The Nature is sophisticated, but not malicious.

Evolution (self-development) of technology is goal directed. Such a development begins with the appearance of living beings, which have intelligence and abstract thinking. New technologies appear through the research, which are analyzing and identifying the needs. There are prepared technical requirements, projects, and provided experiments. There are involved in the work the most qualified and the most advanced technologies, including artificial intelligence.

When the machine intelligence in a particular filed would exceed capabilities of the brain, the task will be given to it. When AIg appeared, it will decide on this and other vital (for whom?) issues. This discussion refers to the development and improvement of the Singularity.

5.6.4. IS IT POSSIBLE AN UNLIMITED GROWTH OF IQ?

Serious authors in their works explicitly or implicitly assume that an intellectual system can and will continuously increase its productivity. Speed limit calculations and memory is determined by the amount of matter in the universe. It is assumed that the whole matter will be turned into theoretically most efficient computing elements.

Such views are presented in two excellent books of Raymond Kurzweil. Such an authoritative thinker as Stanislaw Lem, to some extent suggests that possibility. See, for example, "Solaris" by Lem.

Real speed of computing and intellectual development of a computer system is not proportional to its computational power and memory capacity. There are many theoretical and technical limitations for large computer systems. As a result, my computer with three megahertz and sixteen gigabyte of memory (2015) does not work proportionally faster than my last far less powerful computer.

As the number of elements rises, inevitably decrees the system reliability and increase the probability of the accidental failures and the permanent failures of elements. I recall that the system should work, millions and millions of years. Practice shows that in the human brain may be disturbed its normal functioning. This is evidenced by, for example, the presence of Psychiatry.

What nonsense, it is simply ridiculous! There are millions of working computers! - **No modern computer was ever completely tested.**

Apparently, the "ocean" or Solaris, or a computer system the size of a galaxy, would not work. Industrial civilization will also consist of individuals with limited IQ. Due to various problems, these individuals will have different IQ, different characters, and … emotions.

5.6.5. THE FUTURE SOCIETY

I agree with the Kurzweil Law of Accelerating Returns, and that is why I am sure there should be much more developed civilizations in the Universe.

Ilya Kogan

This should happen on the planets, which are farther from the center of the Big Bang. Such civilizations obviously exist for an infinitely long time if the Universe is infinite and exists forever. Stanislaw Lem suggests that the civilization after some level of development becomes interested only in its own affairs. In favor of this is the Law of Accelerating Returns. During the travel time to other galaxies (millions of years), much greater scientific progress would be achieved at home. It is not necessary to travel for iron ore. The resources of a highly developed civilization are spent to support its viability and to survive potential catastrophes.

If there is a limit of IQ for a computing system, it leads to the necessity of a computer civilization to be divided into individual parts, or participants. They would have maximum possible speed and memory, which current level of technology allows for stable and reliable work. However, those individuals would have different interests, IQs, and ... characters. In such a society, every participant has the same rights and responsibilities. There would not be a hierarchy as in army.

An interesting question is whether a mixed human-machine civilization is possible. If IQ of a system has a limit and the human brain is close to this limit, then the communication problems are nearly solved, and such a society is real. If the Singularity can improve, as it is described in the literature, there is no place for a man there. Similarly, it is impossible to imagine a banquet, at which people are sitting next to the snails, which communicate with their neighbors as equals.

5.6.6. HOW IT SHOULD BE
(desirable to be)

I believe that insoluble obstacles may appear along the way to singularity. These obstacles will cause a natural or an artificial stop. For example, the humanity may take some measures to prevent evil or dangerous doings of AIg, of course if those would be discovered in proper time.

Usage of the AIn promises great prosperity for the humanity. At the same time, the society became more and more dependent on those systems. Due to this, there must be features for defending those systems from interference. The systems became more and more powerful and the AIg may appear in their core. It can start to work in the interest of itself. The situation does not require greater intellectuality compared to the human one. It would be even much worse if a creature with IQ about 20 starts to control the fate of the planet.

The serious problems would arise if the IQ of AIg could be greater than human. If it would be allowed existence of such systems, then the humanity would lose control over making decisions about its future. On the other hand, does it have it now?

Ilya Kogan

However, why we have no contacts with other civilizations? There is no doubt about existence of such civilizations in the infinite and eternal Universe. Ray Kurzweil supposes that we do not see them because their representatives are very small. The answer is not satisfactory. They do see us, and they should start communication.

Stanislaw Lem supposes that a very advanced civilization withdraws into itself. The communication with other civilizations is not in its goals. I believe that Lem is right. This follows from Kurzweil law of accelerating return. The feedback requires millions of years. It may become impossible to communicate with returning astronauts.

6. GAYANE – OCTAGON

6.1. GAYANE LIFE

More see in the book, *Ilya Kogan "GAYANE – OCTAGON"*.

Gayane is a planet on which civilization was similar to the one on the Earth. After a cosmic catastrophe, it created a machine civilization - Octagon. In size, climate and natural conditions Gayane was like our Earth. It revolves around a star similar to our Sun. Its civilization was considerably ahead of our on the Earth.

History of Gayane so reminiscent to the Earth one that it is not interesting to write. However, their civilization had advanced further. This contributed, Gayane as mentioned above, was much farther from the center of the big bang in our (local) universe. Its civilization was older than the Earth's one. Further development led to the establishment of a world Government and one dominant language. Culture was a multilingual; you can view on screens any movie, any book or works of art from the Museums of the past.

Gayane technology has reached a level when production of goods substantial for life (as well as any necessary goods) was not a problem.

6.2. POLITICAL CORRECTNESS

This question, due to the demands of political correctness on the Earth, to highlight and to discuss almost impossible. For this reason, I have to, when it is a brief statement; avoid mention of the many sections of this topic. I am not the first doing this.

Political correctness has a negative impact on the development of society. It strengthens national, racial and religious hatred. Political correctness leads to the degradation of society. As a result, society is forced to spend ever-increasing costs to prevent the consequences of this and impose many restrictions such as anti-terrorist measures, restrictions in things allowed in public transport or mandatory of passports.

However, the greatest harm caused to society, because the political correctness is slowing down its development, making it more stupid and corrupting it. To cite this, I give just one example.

RESULTS 2017

Racial intolerance should be overcome and was proposed a wonderful method to solve this problem. In schools, in each class should be representatives of different races and different religions. However, if there is a taboo on discussing, the issue turned terribly harmful for the development of society.

In each class, are brought a couple of hooligans from which dreamed to get rid their old school. They are older in age, a head above and much stronger of the class students. They do not want to learn, their dreams is, fight, sex, drugs, etc. They know that classmates and teachers fear them. They openly offend classmates and are rude to the teachers. They openly boast that they are safe from any punishment. The Director does not even dare to touch them. On their guard is political correctness. Meanwhile, classes and entire school already live in a different life. The level of teaching is on the level of new idlers. This is not because they are mentally retarded; it is because they have never listened to the teachers.

This is one example, how a great idea thanks to political correctness becomes its negation.

However, you can choose to place as representatives of other races and religions, children who want to learn, rather than huge bullies. These children would become an example to follow and will pull the school, and then the country forward. Nevertheless, they were left where they intellectually would decay. Most suggests that the advocates of political correctness do purposefully harm the United States.

After all, until recently this was not on the Earth. All this has endured Gayane as well. Gradually means to fight the consequences of political correctness have become prohibitive.

6.3. CITIES - HOUSES

At Gayane was created a single State. The development of technology and the abolition of military spending had made significant investments in the development of society.

Controlling birth rate, the population of Gayane was maintained at a constant level. By the way, this problem was not to reduce the population; the problem was in its increase. The majority of the population did not hunt for having children.

Population of Gayane was approximately one billion and lived mostly in cities. Every city is made up as a single building, about three kilometers long. Each building has a 150 - 200 floors, and resembles the centipede with long straight, wide body. Every 200 meters, on both sides, there is a perpendicular extension of 150 - 200 meters long. Most of those additions have in the center a corridor, with apartments on both sides. However, many extensions are used for other purposes, like entertainment, production, schools, hospitals, and other services.

Population of one city on the Gayane is approximately half a million people. City are surrounded by parks, similar to Disney World. Communication with them was by funiculars.

6.4. ORGANIZATION OF THE SOCIETY

The political structure of the Society is very similar to the political structure of our United States; there are local, regional and national Governments. Each apartment has an opportunity to express their opinion to the central information system (local and national Government), but if someone wants to vote anonymously, he or she may do so from many places. This allows the constant monitoring of public opinion, as well as the holding of elections or referenda. Thus, the population, the Government, and politicians constantly aware of public opinion.

In contrast to the United States and other democratic nations of the Earth, there are groups of people deprived of the right to vote. These include, for example, ones who are satisfied by social security benefits and do not wish to participate in the maintenance of society. This also includes some groups of prisoners. However, their (advisory) opinion on all issues, if they want to participate in polls and surveys is known.

Video monitors are located in all public places. The majority of the population, at their request, have monitors in their apartments for security reasons. They are not afraid of the "big brother" because they believe that such a creature could not exist in their society. Video monitors are processing the information and determine the intentions of entering in its view.

Laws have been passed to ensure that low-income workers receive a supplement to their income significantly exceeded the income of a person on welfare. Grant partly was replaced by free meals in the dining room. All who live on benefits must learn to receive a qualification of their choice with a view to future employment. The duration of the school hours was an hour more than working hours of normally working people.

6.5. SOCIAL SECURITY

Gayane citizens believe that social security should be useful and accessible. Social security is for all citizens, in addition to other income they have. There is an explanation of why each citizen receives social security. Getting social security is granted by performing community service or training. On the other hand, there are many options for financial assistance or subsidy to those, who can prove that they are doing something useful to the society.

RESULTS 2017

All citizens are entitled to a free apartment in a city-house. The apartment, according to the norms, include free heating, lighting, telephone, computer with Internet, wall-TVs with a set of free channels and payment of all utility costs. Education is free.

On the Earth, some 200 years ago the work provided to a person minimum dwelling. Work provide shelter, food and clothing, satisfactory at that time. Working day lasted 11 hours and more. It was one non-working day a week. There were no sick days, no health insurance, no paid holidays, and no pensions. In 1942 - 1944, I was working in much worse conditions, but it was socialism and the war started by it.

Now (2016), in economically developed countries working day lasts 7 - 8 hours per day with a 5-day working week and a much better social security. Old age is secured by pension and are provided additional benefits. There are welfare and unemployment benefits.

The productivity would increase. At Gayane, as in any advanced civilization there came such a period. Some of its characteristics,

1. Chronic and continuous increase of unemployment.
2. The growth of not working people on different benefits.

Ilya Kogan

3. The growth of people with no income who are not secured.
4. Bankruptcy of pension and retiree health care systems.
5. Bankruptcy of the financial and medical support services for welfare recipients.

The percentage of unemployed would constantly growing. As a result, anyone who wants to be elected must make promises to people who are interested in increasing their wealth, that is, benefits. This creates a paradoxical situation when a man who lived all his life on benefits, reaching retirement age starts to receive more. Because of this, his payment and other benefits often, outweigh the benefits of the pensioner, who worked all his life and paid taxes.

The above allows naming the two major shortcomings of the democratic society, aggravating the situation.

1. Constant growing percent of voters who are interested in increasing the benefits.
2. The growth of chronic unemployment.

At Gayane a plan has been developed,

1. Reduction of the working day. Growth of vacations. No working area are used less than 12 hours per day and 7 days a week. This required from three to four different shifts at each workplace.

Effective usage of the working space, improved profitability and further reduction of the working day. It is obvious that with productivity growth had be reduced the working day.

2. All working citizens get as a supplement, monthly payment and bonuses, equivalent to the ones who does not work. This payment is equal to the amount consumed by beneficiaries. As a result, no citizen in any situation gets in a position, which is worse than the situation of someone who does not want to work. All this reduces the desire to go on welfare.

3. Education is compulsory and free. The school classes and educational programs were different depending of student IQ level. If a student learns below abilities (laziness), then it is a fine time (attending extra classes), then he has less time for other activities.

4. All who are on benefits, that is, it is their only income, are required to attend training courses on chosen profession. The study time was, at least an hour a day more than the duration of the common working day. Some operations may be replaced by public works (on their choice).

5. Any vote (referendum) involved only citizens who work. However, all the other citizens may participate having an advisory vote.

Ilya Kogan

6. The disappearance of political demonstrations. Achieved this by placing in the top band of walls political advertising with feedback. There you can see how many supporters and opponents have the issue under discussion. Separately are numbers of participants with an advisory vote.

7. In all public institutions, including educational institutions was one language. This language was developed based on the most common language with simplified grammar and the introduction of a number of additional rules. However, culture can develop in any language, that is, to any language was given any preference.

Violators of the rules were prosecuted and may be sent for some time to the "Socialism". There they lived as under socialism and do not affect the life of the Society. Over time, the "Socialist" zone emptied out.

6.6. CODE OF STABILITY
(extracts)

6.6.1. INTRODUCTION

Code of stability is a set of rules and laws to prevent dangerous situations for the existence of the society. Beneath minority on Gayane was understood a group of people, immigrated into the country at adult age and were not born in it, regardless of race or religion. They used a specific Act and regulations to facilitate their adaptation. Those who were legally born in the country were equal in all respects.

6.6.2. ELEMENTS OF THE CODE OF STABILITY

Part 1. Mandatory Requirements to Group Structure and Charter

*A **GROUP** is an Association of people on any ground, which approves and (or) interests group members.*

Groups are the sport societies, political parties, public collectors and lovers of something (for example the Union of red), religions, and societies of hunters, religious sects and so on. Naturally and in General, the Groups may overlap, i.e., the same individual may be a member of many groups.

1. *Each group should has a Charter, which fully describes the objectives and tasks of the group. The full text of the Charter must be published on a special website on the Internet.*

Part 2. Restrictions that Prevent Monopolistic Impact

1. *The Group may not contain more than 50 per cent of the population of a country.*

If, for example, a political party or a religious group contains more than half of voters for three years it should be divided into parts or dissolved. There allowed exceptions and members (group) may be limited in voting.

Let not forget that effective lie detector allows establishing the validity of decisions in points set out above.

Part 3. To Preventing the Power Usurpation

In many Gayane countries, there were explicit or hidden dictatorships. In a dictatorship, the head of State has unrestricted rights under the Constitution, if one existed. As a rule, the dictator ruthlessly dealt with opponents, e.g. as in North Korea or Iran.

1. *The Supreme Head of State can be in duty no more than two periods, or 15 years, what is lesser.*

2. *The leaders of the parties or state religions, leaders of key ministries and services are subject to the requirements set out in paragraph 1.*

3. *In cases when in the country, there is no suitable candidates to replace the "soul of the nation". Then either the population, or United Nations, shall appoint a representative of another country, as Regent.*

Part 4. Organizational Requirements of Life at Gayane

The stability of the society required in addition to prevent the malicious actions some supplementary activities, e.g.

- *Appropriate social security.*
-
- *The offence should not be repaid.*

Books, movies, plays based on actual crimes and popularizing crimes should be encouraged. If they are not prohibited, the tax must be about 100%. In those days, at Gayane Communist ideology was banned. There was banned, much milder and fair criminal ideology, the fascist one.

- Changed rules of acquisition of citizenship by birth at a certain territory. Thepe were limited the rights of illegal immigrants.

- Rules for polls and referendums. Before the period of cities-houses, in all the apartments were installed screens in the form of strips under the ceiling. These screens have a feedback to the central information system of the State and the UN. This made it possible to conduct polls and referendums on all sensitive issues. As a result, riots and street demonstrations were gone.

Ilya Kogan

6.7. CLASSIFICATION OF POLITICIANS

Characterization and classification is devoted to political leaders. At Gayane were their counterparts as Lenin, Stalin or Hitler. Below is the presentation of a short version, which is made by comparing the history of Gayane and Earth.

Human history is full of injustices and cruelty. This is the result of political leaders, dictators, mobsters and sadists. Cruelty may be judged from the point of view of friends and relatives, and from the perspective of history. In this case, the cruelty of political leaders far surpasses everything else. The following is only a historical approach.

Mao Zedong destroyed the greatest number of people, but Lenin or Pol Pot did not have such an opportunity, that is, the number of potential victims. It should be noted that the cruelty changed over time. Lenin cutting by swords and mass shootings did the trick. Who could, fled, and who could not, lay quiet. Stalin could already be in the likeness of some justice in the form of triples.

The GULAG was a creation of an industrial base in the East, pursued the goal of World Revolution (the enslavement of the entire planet), not to consolidate his power. In the after Stalin period could be allowed a "warm up".

The examples cited are enough to show the barbarity of the COMMUNIST PARTY members led by politicians. Introduced two evaluations of bloody cruelty of political figures:

KINETIC, i.e. based on achievements or results of their activities, and

POTENTIAL, that is what for they are ready according to their worldview and (or) their essence.

KINETIC series as descending cruelty (mendacity, dehumanization, etc.): Lenin, Stalin, Hitler, Mao. Then there are the supporters of "sister communist parties", which happened to be at the head of States. Then come the dependent dictators such as Saddam Hussein. Next necessary to rummage in the past.

It should be noted that the gap between the first is much greater than in the second five. I.e. Stalin, for example, in the face of Lenin is just a lamb, as Hitler comparing to Stalin's is a cute kitten on Stalin's background. However, being far from them Saddam is a beast. To understand this society one must read "NOMEKLATURA" Vaslensky, and the features (not for the faint of heart), at Varlam Shalamov.

POTENTIAL range: Lenin, Trotsky, Stalin, all General Secretaries of the COMMUNIST PARTIES

Ilya Kogan

(without exception), and then some, as in kinetic series.

On this topic, there is growing evidence, for example (inhuman) personality of Lenin. Let me remind that aliens possessed significantly greater opportunities in the access to archives of classified information.

6.8. THE OCTAGON

It was found that in the next millennium, the planet Gayane would be destroyed. Cataclysm came and as a result, only some computer individuals survived. Mr. Ilya Kogan has developed and proposed the creation of the Octagon. It required almost a billion years. There were other catastrophes, but the surviving was easier. The loss of people still felt, especially in the field of poetry and music.

Octagon has a form of a ball with the diameter of approximately 500 meters. It is the outer shell of the Octagon. Imagine that this ball is around an octahedron. In the octahedron inscribed several concentric spheres, which, like the outer shell are used to heat, radiation and mechanical protection of the machine civilization of the Octagon, located in the inner sphere.

Between the inner surface of the outer sphere and the outer surface of the inner sphere are supporting systems. There are power system, the maintenance of temperature, pressure, etc. There is also a stock of Nano bots that can perform the necessary work and synthesize extra Nano bots, if necessary,

Close to the main station is some stock of materials for industrial and scientific purposes and auxiliary production.

The intersection of three diagonals of squares that form the octahedron is the center of the Octagon. The diagonal or rather their continuation is the Cartesian coordinate system, which is the basis for the orientation of the Octagon in space. Along these axes are information stations.

All objects are moving on the same Octagon trajectories. Every ten years, six ships are sent to stations. The ships contain the memory contents of the civilization that is saved (copied) in the information stations. The ships sent periodically to the information stations, make adjustments, check the position of the information stations, are given an assignment of the position of stations and station can be replaced in case of failure.

Having reached the last station, the ships go to the surrounding space. They explore the dangers and send signals to the system to move to a safe place. They also are looking for substance, which can serve as a source of energy and material for the new ships or for experiments.

If the ship did not arrive to the information station at the expected time, there are suspected problems at the central station. Diagnostic program is initiated, which could start a rehabilitation program. In the worst case is lost about a hundred years of evolution of the civilization.

The civilization of the Octagon is a population of individuals. Every member has the maximum possible power of the processor and memory. There is five hundred million members. Each individual is given a memory region (abbreviated Mr.) or memory space (Ms.). I asked the alien about the differences between "Mr." and "Ms." He sent me to the psychology of society. However, noticed that it is as you have when gay or lesbian have sex over the phone.

THE THEORY OF THE ABSOLUTE SPACE

Here I want to tell about a scientific theory; the theory is called "Theory of the Absolute Space" (Absolute Space Theory). Its author was Ms. Multirock the President of the Academy of Sciences of the Octagon. The scientific supervisor was Mr. Kogan. Prior to be nominated for the post of President of the Octagon, he headed the Academy. The results of the theory are based on observations in the universe and on experiments with three mutually perpendicular lines of space ships.

A coordinate system was built by Octagon, which is motionless relative to the cluster of universes. All the experimental results were converted to coordinates of this system.

THE MAIN RESULTS OF THE THEORY

Recognizing the basic results of the Relativity Theory is stated that the universe has the following absolute properties:

1. The maximum absolute speed equal to the speed of light in vacuum.
2. The maximum speed depends on the properties of vacuum that can be changed. Depending on the properties of the vacuum in a specific volume of the space, it can be greater or smaller.
3. The minimal speed is zero.
4. For a given body mass may not exceed a certain maximum amount. Any further increase in the energy of the body leads to converting the mass into electromagnetic energy.
5. Body mass may not be less than a minimum value for this body.
6. Maximum temperature, exceeding which converts the mass into electromagnetic energy.
7. Minimum temperature or absolute zero.
8. Absolute time - time at zero speed and minimal temperature.

Ilya Kogan

9. *There is a steady number of microscopic black holes. Elementary particles are their example.*
10. *The universe exists forever in an infinite three-dimensional Euclidean space.*

This affects some of the results taken in physics. For example, the impossibility of singularity in the black holes.

7. QUESTIONS TO THE HISTORIANS

Based on book *Ilya Kogan PATRIOTIC WAR (Questions to the historians)*.

Patriotic War of 1941-1945 left an impossible to remove mark in the history of the Russian population. This is a terrible trail, even today, over 70 years, in the minds of residents of the former Soviet Union. In the first place is a thought "**IF ONLY IT WASN'T WAR**".

Many scary things remembers the history of Russia, such as slavery, which bashfully called Serfdom, or the GULAG. Serfdom was perhaps one of the most heinous slavery and GULAG was the most brutal and the most inhuman place of detention. Read not Solzhenitsyn, read Shalamov. However, propaganda is doing its thing. From memory purging unnecessary historical phenomenon. Varlam Shalamov not taught in schools, and the history of the great patriotic war, strongly cleaned up and distorted, continuously advertised. Approximately 83-d anniversary of war would become a truly popular and many week lasting

Ilya Kogan

holiday in Russia. The growing literature on this topic is published.

If Suvorov in bold and possibly in large letters print highlighted main ideas and questions in each book. Allocated twice, at the beginning and the end. If he wrote that criticism should begin with criticizing of these issues.

If you collect all the offensive weapons, prepared by USSR in the pre-war decade, it will be an impressive monument. The monument indicative of bad faith, for ones who denies the preparation of an aggression war by the Soviet Union. In addition, no longer needed secret and non-secret documents on this topic. These documents will become a secondary material. After that, the fear of disclosure archives will indicate only that any publication does not speak about true crime regime established by members of the Communist Party of the Soviet Union. Disclosure archives can show such terrible things that (documentary) Shalamov works deemed.

The trial of these criminals is needed not for Russia. The Court will prevent the emergence of a new type of movements in the world like movement against McCarthy. How big was the noise. It is now known that McCarthy was strongly incorrect. The actual dominance of spies from the USSR and the influence of Communist ideology in the United States, especially in universities, was considerably above specified by McCarthy. Historical justice not recovered to this day. If, however, this process will take place before falling earnings from oil and gas, the Russians forget forever "if was not a war." They, as Norwegians, would live peacefully and happily. However, this does not preclude the emergence of "brejviks". I am not opposed to parts, documents, and artistic presentation, however, there is main and important.

The country is not preparing for peace, or for the defense, spending all it has on offensive weapons. No documents about the plans of military action would support this more effective.

To prove their point opponents of "Stalinism" analyze and quotes 1940-41, sometimes 1939. Perhaps, somewhere in the text is hidden a short phrase of an earlier time. **Such a grand event was prepared (planned) for many years, not from 1939.**

However, in their publications is said that secret documents of Germany were on the Stalin table almost before they were signed by Hitler. They write about the game 1940-41, in which Hitler outplayed Stalin.

In fact, Hitler lost, conceding that Stalin had several times more tanks, planes, guns, submarines, etc., than Germany. The creation of these weapons required many years. When Hitler put attention to it, it was already hopelessly late. Hitler apparently realized that he lost purpose of life and delayed suicide.

However, he destroyed the goal of Stalin life. Suvorov believes it is for this reason that Stalin refused to accept the Victory parade. However, until the last days, the CPSU headed by Stalin sought to save the situation. This is evidenced by the post-war militarization of the country, or plans, to create an unprecedented mass of heavy bombers.

Ilya Kogan

Apparently sensing the approaching end, Stalin decided to do unfinished by Hitler (the common plan?) and started the "doctor's case".

KEY QUESTIONS

1. QUESTIONS ON COVERAGE IN THE LITERATURE THE PREPARATION AND THE HISTORY OF THE SECOND WORLD WAR.

1.1. The signs of preparing the USSR for war.

How is the potential aggressor defined? Where the border threats and when should be taken preventive measures? Dependence of preventive measures, from the nature of the threat.

There is the concept of fascism, extremism expansionism, and aggression. These concepts are even included in the Penal Code. More than ten years before the outbreak of war in the USSR were systematic statements of politicians, propaganda in the media and literature, frankly aimed at inciting a military psychosis and preparations for the coming war.

Industry of the Soviet Union was entirely transferred to the offensive armed forces. Production of offensive weapons considerably exceeded reasonable requirements. The defense was practically forgotten. If one takes into account the comparative level of offensive and defensive, it can be argued that the country was preparing to attack, to an aggressive war.

About this knew hundreds of people. After all, plans were drawn up in the Council of Ministers, the State Planning Commission, the General staff and in other ministries.

1.2. Why such an excess information covering the war is silent about Rzhev? Did the battle of Rzhev had not deserved considerably more mention than, for example, the battle of Stalingrad?

Battle of Rzhev surpass any other battle in duration, on losses, and importance. Rzhev covered and saved Moscow. Rzhev primarily was a major step towards winning, more than Stalingrad or Kursk. Where are the bones of the deceased at Rzhev; how they have been treated. There is evidence that they swept by bulldozers. Impossible, however, all (i.e. each) and everything is forgotten?

Every year, with great elegance held Memorial events dedicated to the war. New settlements are assigned the title of heroes, but Rzhev.

1.3. What are the losses in the waters of the Volga River?

During the battle for Stalingrad, almost all military schools were thrown there. I would like to note that I, a boy begged to took me in a military school. I was not accepted due to the minority and terrible thinness. Six months later the school at full was sent to Stalingrad. My older brother Raphael Kogan died at

Ilya Kogan

Stalingrad. My uncle Victor Khusid, according to the memoir literature, commanded the artillery there.

1.4. Analysis of the reasons of the loss ratio of the USSR and Germany.

Even if you exclude losses in the first period of the war, you get 5 to 1. What is the ratio of losses, for example, at the storming of Berlin? It should be noted that this phenomenon has a backstory, for example, the ratio of losses in the Finnish war (1939).

1.5. Role of orders number 220 and 227, as well as protective units at the possibility for substitution of the term and the appearance of the words "Great Patriotic War".

Order number 227 of July 28, 1942, ones retreating without orders sent to punitive units. Let me remind that this apparently belonged to the survivors of fire of protective units. Previous order (220), in particular, has announced to soldiers that their relatives become hostages of their behavior at the front. They were subject to internment. At least they are deprived of ration cards, which is doomed to starvation.

Punitive units existed from July 25, 1942. Order of the NKVD of the USSR № 00941 from July 19, 1941 required create special departments; in Divisions and Corps formed separate rifle platoons, at special army divisions are separate rifle companies, at special divisions of the fronts were separate rifle battalions, staffed by members of the NKVD troops (that is, protective units).

Without analyzing the influence of these activities, it is impossible to speak about the motivation of behavior of soldiers. Attribution of changes of soldier behavior at the beginning of the year 1942 because of misbehavior of Germany in the occupied territory is unlikely correspond to reality. Because the soldiers did not know in 1941-42 about the behavior of the Germans in occupied territory or in concentration camps. Nevertheless, it is precisely this motivate "engineers of human souls" (even such as Bunich) for changing the war into the great patriotic war of the Soviet people.

1.6. Could Marshal Konev's troops outdo Zhukov storming of Berlin?

Did Zhukov take on measures to prevent this? In literature and on the Internet there is mention about these measures.

1.7. The real role of allies in the war.

Usually refer to the hardships and loss of the peoples of the USSR. Losses in man power at the front and in the rear of the whole lie first on the USSR. Rather, it de-emphasizes the role of the SOVIET UNION and especially its military leadership.

1.8. The Holocaust

Did Stalin, know, when making Hitler the "chief" of Germany about his anti-Semitism - certainly knew. Whether Stalin was an anti-Semite, historical evidence are for this. Deliberately were not informed the

Ilya Kogan

Jews about the threat in the occupied territory. In 1941, the officials have repeatedly said that we should not leave. The ongoing evacuation was associated with the output of industrial enterprises from the bombing.

There is overwhelming evidence that Hitler came to power exactly thanks to Stalin. Not known publications, demanded whether Stalin "ordered" Hitler Holocaust Organization.

The Jews of the USSR were an essential part of the military-industrial complex and among the "engineers of human souls". They were needed for the preparation and conduct of the war. Money or property they did not have, as in Germany.

The prelude was "doctor's case". For Hitler such option was not suitable. In Germany was kept secret, what happened in the concentration camps. In the occupied territory, he had the support of the people. Stalin's death and the subsequent struggle for power prevented Stalin from performing his devil plan.

2. HISTORICAL QUESTIONS.

2.1. Who contributed (organized) the coming to power of fascism in Italy and Germany? Who and how contributed to the military and the economic development of Germany.

The support of the military-economic development in Germany is well documented in the literature. However, it was very few. The full picture is not shown anywhere. There is no analysis of the causes and significance of these actions. After all, there were international agreements, which secretly were violated by the Soviet Union. Not highlighted the moral issue. In Germany, there was a problem, because many officers had friends in the USSR, where they were studying for years. This problem did not exist in the Soviet commander environment.

Issues related to the advent of fascism to power not investigated. This is (a bit) highlighted in articles of "PRAWDA" in 1932-33 and briefly in the books of V. Suvorov.

2.2. Why Hitler only on December 18, 1940 gave order to develop the plan Barbarossa.

The plan "Storm" (no matter how it is actually called) notoriously existed well before this date and this knew hundreds of people, and suspected this thousands. E. Kiselev in his television program called the number of that plan file.

For Germany and the USSR, the secret annex to the Treaty was known. Hitler had to feel not cheated, but betrayed. It took him about a year to realize the fatal value of this betrayal. As a result, he began to develop the plan Barbarossa.

2.3. The real rather than theoretical commonality and difference of the Socialist USSR and Nazi Germany.

Ilya Kogan

Who is the right and who is the left.

3. POLITICAL ISSUES.

3.1. A revolution or a coup.

Lenin defined his party as an organization of professional revolutionaries to take the power. However, you can say, a gang of professionals for the seizure of power and oppression of the people.

3.2. Why primarily are mentioned the 1937-38.

Speaking about communist terror, are remembered the years 1937-38. Nevertheless, it is not the years of main mass terror. In the previous years, particularly in times of Lenin and after, according to published statistics, communist terror and destruction of people were more widespread. 1937-38 destruction, to say more accurately, was for fellows, which made unthinkable terrible crimes against people. Why was done their later rehabilitation and restoration of the rights is unclear. Of course, should be removed the flimsy crimes in which they were not guilty. However, they should afterward tried for more terrible their real crimes, in which they are guilty. Apparently, those who have them rehabilitated were afraid to trial themselves.

3.3. The trial of communism

The number of crimes committed by members of the CPSU and the severity of these crimes have nothing equal in history. It is hoped that this will never happen again. These crimes have no statute of forgiveness, and justice is waiting.

When analyzing every exclamation, each publication, you must put the question, "would it be possible to say or write such after the trial over communism".

3.4. The difference of Marxism-Leninism from its implementation. Is it possible socialism or communism with a human face?

3.5. Russia's place in the world

For each country can be medium-statistically determined its place in the world. Given that, we are talking about millions of population in each country and large time intervals. Such a definition would have, if not absolute, it would have quite acceptable accuracy. Mote-Carlo methods confirm this.

On the major indicators, namely, the gross product and population, Russia is on the border between the first and second dozens of countries around the world. The average IQ for a citizen of Russia is in this place as well.

Already studied enough average IQ distribution among the peoples of the world. Moreover, ahead is Southeast Asia, where there are two such giants as China and India. The Russia systematically squanders its most intelligent genetic fund. The most workable citizens of the country are forced to live it.

Place of Russia gross product in the long term is not likely to improve. Maybe oil and gas prices will not fall. Now, however, the United States are interested in high prices for these products, they too become an exporter. Consequently, export of Russia deliberately drop, and as a result income and gross domestic product. A large area of the country will play in this matter rather negative role.

The place of Russia population, too, has no future. The demographic situation in the country is known.

Theft of technology will not save the situation. Technology is evolving so quickly that by the time of mastering the stolen technologies, the new appear. Moreover, experience shows that the exploitation of stolen technology also requires brains. All know the accidents at their trials in Russia. It can be said that the money for the construction of the wonder GRU building and paying its staff in the country and abroad are thrown to the wind.

Israel is an exception due to anti-Semitism in Russia and filling Israel with highly intellectual and highly qualified specialists.

3.6. Putin and the opposition.

Analysis of statements of the most prominent representatives of the opposition (they are not the leaders) about their desire to create a great Russia lead

RESULTS 2017

to the conclusion that their coming to power would be a disaster for the people and the State. It is possible that Russia is lucky that Vladimir Putin is its leader today. No, I am not for, in no reason, I for happy and secured Russian people. However, while the priority is considered to the greatness of Russia, rather than the welfare of its people, the politics of these Permanent Secretaries-General of little CPSU is a disaster for the country. What moral right do they have criticized Putin for his third term; they are for life. VVP should be through a referendum to become emperor of all Russia and put an end to this issue. To date Russia from this for sure would benefit, as it was in Spain. The best time is after 2018 reelection.

In 1957, the Second Secretary of Mykolaiv region CP Ivashchenko told me (not exactly). Democracy about which you say, will cover the country with blood, people are not ready.

The country inevitably will come to this. That means you need a period of re-education of people about 20 years without elections. If Putin loves Russia, becoming Emperor he can do it.

The average wage rise to the world level would make it impossible to maintain the dangerous, for the neighbors, Russia. Manufacturing of weapons and armies became impossible. There are two alternatives:

- The poor people and many rusting weapon.

Ilya Kogan

- Happy, secured people, as for example, in Norway, and few weapons, such as is in the same Norway.

I do not like the artificial anti-Americanism, cultivated by the Russian Government. However, this has no impact on my life nor on the lives of United States citizens, nor our country. Of course, several thousand Americans this may hurt seriously, but we are three hundred million. However, this is important for the stability of the internal Russia and therefore it is forgivable. It is hard to imagine what will write the media in Russia and in the world if it disappears. Everything became unpredictable.

4. ISSUES CLOSE TO THE TOPIC

4.1. Comparison of Hitler with Stalin.

It was necessary to undertake a systematic comparison of the two dictators. The comparison should be carried out for each item of charges against both Hitler and Stalin, and under each item facts attributed to them. This comparison was once started in the pages of "PRAVDA". It quickly stopped because (this was written) it was not in favor of Stalin.

4.2. It is interesting to know the opinion of military specialists and historians.

In one of the books about the war is as follows. The book is a fiction, but the author claims it is based on documentary events.

There was preparing an attack. One soldier makes from branches something for his legs. Another asked what he is doing. He says that he is from these places and knows the swamp. You can only go through them using the things, which I do. However, behind are tanks and guns how they would pass. In response, the local does not know why tanks, they deliberately sunk in the mire. The more, the guns will sink. However, the attack took place, and the Germans were defeated. Blow was from an unexpected direction of impassable marshes.

4.3. Was untrue the German General Testimony

This was published in the Russian language in a sick serious book with the claim to be documentary. Height with a German headquarter was taken. A German prisoner, a general was questioned; how it happened that they have been captured. After all, his soldiers had a large supply of ammunition, but the guns have fallen silent. General replied that you certainly saw that slopes are entirely covered with corpses of Soviet soldiers that flowed down streams of blood. German soldiers can kill many enemies, but cannot shoot endlessly in people.

Ilya Kogan

5. INTERESTING, BUT INDIRECT RELEVANCE TO THE TOPIC

5.1. Who threatens Russia, why it spends all on weapons? Norway is not afraid.

This question is known and it literally hangs in the air. No scary critical opponent in publications on this topic does not recall Norway.

5.2. Why around are only enemies. If enemies are conquered and attached, it cannot be voluntary.

All its history, Russia is fighting with their enemies-neighbors. Throughout its history, it enslaves them and destroys. All its history, Russia is capturing the alien territory and people. Russia never free them.

As history shows, the enslaved do not become friends. They were conquered at the expense of Russian people. They are fed at the expense of Russian people. However, they did not become friends.

Worst of all in the Soviet Union lived people of Russia. In Russia was the hardest situation with food and goods. In the Baltic States or in Georgia was incomparably better. In the countries of "people democracy" was better than in the USSR.

Why not debate the question, what is better: huge beggar all terrible country with poor people; or 20 small, happy with secured as the Swiss people, which are loved and are not afraid by their neighbors.

5.3. Decoration.

In this category, included questions relating to situations and conversations that make up the content of works related to fiction and memoir literature. This includes, for example, the number of tanks, their technical specifications, numbers of divisions, their specs, etc.

5.4. In the books about the war, I did not meet links to artwork, printed in the year 1939.

It seems the title is "**The first 48 hours of the war with Nazi Germany**". A tale (or novel, about 150 pages) printed in the magazine "New world" or "October" in the year 1939. In the same year, when the pioneer leader of our group in Pioneer Camp (a Komsomol member!), proved to our teacher that the swastika tattoo on his arm is, according to propaganda, patriotic.

4. SCIENCE - HISTORY

There are works not associated strongly with the books of V. Suvorov, such as Bunich "Operation Thunderstorm"». Two books of more than a thousand pages. List of books on the subject is vast and extensive. The authors are trying to make their work more interesting and are compelling for the reader. Such an approach has a commercial interest. As a result, the

Ilya Kogan

books are overwhelmed by interesting and exciting passages. This occupy the bulk of the books.

Authors often include sections that do not discuss the basic ideas of their books. **This allows "critics", often very authoritative, producing falsification of history.**

After reading Zhukov "Memories and Reflections", I was shocked. I made a rough map of the location of the troops in the year 1940. In blue, I depicted the Soviet troops, in Red German. Normally in all tasks, the Soviet troops are depicted in red. I slightly changed the borders; my uncle - Victor Khusid (mother's brother), was in the past the commander of region in Western Ukraine. He retired from the post of Deputy Commander of the Kiev military region.

Uncle reviewed the map, was surprised, but expressed his opinion. **He said that even in the absence of intelligence both parties know the situation. Such a huge cooking cannot be hidden. About Red, he said, that they need strike suddenly. This must be done necessarily because it is stupid voluntarily to put the head on the chopping block. Red action he identified exactly as it did in the year 1941 Hitler.** Further, the following dialogue took place.

I, "Uncle, do you have Zhukov memoirs? »

He, "With his autograph". He brought the book; I opened the pages needed.

He, "As, how I had not guessed. Did you show that to someone already? "

I, "You are the first".

The conversation was about the year 1973. He burned the map on an ashtray.

He, "If you want from our family, though a trace remained, forget this topic".

Suddenly, he went to see me off to the metro. Along the way, he said, "At the beginning of the war I, a Lieutenant-Colonel, commanded a division of heavy self-propelled howitzers of the reserve of the main commandment. My guns stood on the border near the water. We were seen from the opposite bank. Do not think that we have all been fools. For the defense, it was necessary to place us at least 25 kilometers to the East. I wanted to ask something, but he abruptly told that this topic is closed.

The last paragraph suggests that was preparing an offensive war. Many knew about it; it was known; it was not guessed or assumed. It was known who will start the war and committed aggressive attack. For example, each Director of a tank (named as tractor) plant knew about tank manufacturing not only at its factory, but also in the USSR and in the world. He knew that the tank is an offensive weapon. There are many such examples.

Not one Stalin is guilty, there are guilty all members of the Communist Party of the Soviet Union. Denazification was conducted only in Germany.

Ilya Kogan

It should be recalled that immediately after the end of the war; Stalin ordered to create 100 divisions of heavy bombers. These bombers were supposed to be able to reach the United States and bring there atomic bombs. Their basing planned on the Far East.

In the USSR was created almost 100-megaton hydrogen bomb, which Khrushchev called "Kuzma's mother". The bomb could not be transported by plane. A plan was proposed, to send to the shores of the United States a large number of ships with such bombs. Their explosion near the coasts of the United States would lead to the almost total destruction of the country. Fortunately, this plan was not implemented.

8. TRIVIA

8.1. INTRODUCTORY NOTE

This chapter is based on the books and brochures, Ilya Kogan "EVERYTHING IS NOT AS IT IS," Ilya Kogan "WHOM TO BLAME? -WIKILEAKS! ", Ilya Kogan" SNOWDENISM ", Ilya Kogan" WARNING "ISBN-13:978-1495900426, and others.

It is an impression that we live inside a double entendre **EVERYTHING IS NOT AS IT IS**. In this case, it is difficult to determine where the reality is. This applies to all areas of our life.

Usually when we became familiar with some statement, we learn from it, **"What do we have?"** This follows the question **"What is in really?"** This question is difficult to answer. Below are some examples.

Ilya Kogan

8.2. THE DEATH OF JESUS

8.2.1. What do we have?

We have the Jesus Christ life description in religious books. This description claims that Jesus was the Son of God. He performed miracles, suffered terrible tortures before death and appeared to people after death. This is a canonical version. However, there are other versions.

8.2.2. Versions

Publication of the book "The Da Vinci Code" revived many versions of animated interpretation of the life of Jesus Christ. The book created movies, books, mysteries, and serious scientific research.

Most of these documents are not connected with the new historical findings. Fuss fueled by an unprecedented advertising and even obviously artificial lawsuits.

It seems to me that not all these issues are so new. In 1946, I had vacationing at the resort "Kirilovka" on the Azov Sea. The resort had a good library, which had many books of the 1930-s. There were a few novels on the religious theme. In those novels was described the relationship of Magdalene, Jesus and Judas. Mary Magdalene was represented not as a prostitute; she was rich, noble and a virgin. Apparently, the authors of those books can bring a claim to many participants of the current lawsuits for plagiarism.

The Virgin Mary had the Immaculate Conception. I do not know how it was certified. Modern medicine states that many women lose virginity at first birth. So, they all can be found blameless in the period of the first pregnancy.

Denying the divine origin of Jesus, being consistent, Jews cannot. They believe in the omnipotence of God, and thus fall into a certain contradiction.

In relation to the omnipotence of God, a wag asks, "Can God create a stone which he cannot lift?" Adoption of Jews, stating that God cannot have a son also suitable as a similar example.

There were rumors that Jesus was the son of God. Pilate and his wife could believe it. How many gods' children lived in Greece and Rome! How much were myths, in which the people are afraid of retaliation for the killing of God's relatives. This may explain the fears of Pilate and his wife.

However, Pilate himself could not escape to execute Jesus even in that case, if the Jews demanded his pardon. Contrary to scenes in "Master and Margarita", Pilate had to make every possible effort

Ilya Kogan

making Jesus would not be pardoned by the Jews. After all, Jesus was against the divine Caesar.

Pilate could use the method that is known from the novels and stories, to substitute the one who should be executed. The drugs then were already known. Torture and mandatory whipping before the crucifixion makes a person almost unrecognizable. Recall how in Lion Feuchtwanger's "Jew Suess", mother, present at the execution of her son wonders, "Is this old man my son?"

Nevertheless, the body can be recognized in many ways. Mary would find that it is not the corpse of her son. That is why the body must vanish. According to the canonical version, resurrection, confirmed by two facts, the disappearance of the corpse and the appearance of Christ to the people.

The foregoing makes it possible to discuss the following conjecture.

Pilate must cleanse the country of troublemaker, but he is afraid to kill him. He fears God's revenge. Pilate "negotiates" with Jesus, he may, with comfort, and provision leave the country. At the same time, Pilate was convinced that God's son is immune to physical influences. That is why; Pilate did not think that really torments Christ.

Of course, Pilate gave the Jews the right to pardon sometimes. However, whether there are naive people who believe that those who choose whom they shall have mercy, did not know the will of Pilate. Moreover, they knew where the disobedience leads.

Jesus, most likely, without the consent of Pilate, appeared before the people and confirmed the rumors of his resurrection (divinity). This gives impetus to spread the teachings, especially as preachers - the apostles exist already. In addition, it enabled anonymously contribute to the spread of his teaching in the future.

If Jesus was not a son of God, the only way to confirm the phenomenon was the resurrection to the people. However, how could he be sure that he is not the son of God? In this, you can believe or not believe. When Perseus was told that he was the son of Poseidon, he exclaimed with surprise, how it may be that his mother did not know this.

Without diminishing the suffering of any who died on the cross, we note that Christians are being unfair to others with similar fates. The latter is incompatible with their doctrine.

In the same historical period, for the revolt against Caesar, along the road from Jerusalem to Rome, were crosses with crucified Jews. First, as Christ were crucified in Jerusalem after a brutal flogging. The latter were driven in chains whips, in the heat and cold, hungry, with baggage for many months.

The names of all Jews who died on the crosses have sunk into oblivion except for one - Jesus Christ. Nevertheless, Jesus was "lucky" as those who were crucified at the beginning of the road Jerusalem - Rome.

8.3. TROTSKY'S MURDER

8.3.1. What do we have?

We have volumes with a very detailed description of how Stalin expelled Trotsky from the country. Then for many years with enormous costs hunted on killing him. In the Soviet Union, the newspapers wrote that Trotsky was killed with a stick by a worker, when he was walking around the port.

8.3.2. Analysis of hunting for Trotsky

Was Stalin interested in the activities of Trotsky - unconditionally? Stalin's crimes, of which the blood runs cold, are innumerable. However, Trotsky does not suffer the fate of Bukharin, Kirov, Frunze, and millions of others. In this case, Stalin behaved in a different way, he "allowed", or rather expelled Trotsky abroad. Why? The followers of Stalin are right, claiming that he was a good manager. To confirm this are many examples.

RESULTS 2017

Above does not fit in with the expulsion of Trotsky abroad and the organization of his murder with the cost of $ 5 million. A huge sum it was in those days. It is necessary to remember, that Trotsky was sent abroad with his family. It was after he was in exile in Kazakhstan. It was 4 year after killing Frunze during an unnecessary surgery.

In February 2007, I visited the home - museum of Trotsky. After touring the house, and analyzing traces of the bullets left from the assassination attempt on May 24 1940 and the scene of murder, I began to doubt the correctness of distributed versions of the Trotsky killing.

The "order of Trotsky murder was given by Stalin and the head of the NKVD Lavrenty Beria. In 1931, Trotsky in his letter proposes to create a united front in Spain, where the revolution was brewing, Stalin imposed a resolution: "I think that Mr. Trotsky is a plow and a Menshevik charlatan, it would deal a blow to his head through ECCI (Comintern). Let him know his place" *(translation from Russian the expressions in quotes are mine, IK.).*

Remember, by some estimates, hunting for Trotsky cost NKVD approximately $5 million. At today's exchange rate, it is a lot of money. However, "Deal a blow to the head through the ECCI" apparently does not mean to kill. Trotsky differed from the dozens if not hundreds of party members killed in different parts of the world. He had authority in the so-called labor movement.

To kill him was as easy as others. It would be obvious to anyone who will examine the house, yard and adjacent buildings. However, Trotsky was needed to Stalin alive and as an ally. For this purpose, it was necessary to make him to stop expressing his hostile ideas. Obviously, taking as hostages or the most brutal murder of Trotsky family members would not act. However, for his life, he was shaking and this was a way to "cooperate".

Continue, "Since 1927 (He was expelled in 1929. I.K.), over the next ten years, Trotsky sought for refuge in different countries - Turkey, France, Norway, but everywhere his presence was undesirable. Finally in 1937, disgraced ideologist of the revolution found its last refuge in Mexico". This helped Diego Rivera. There is evidence that he and Kahlo said that they contributed to the arrival of Trotsky in Mexico to kill him. On the other hand, in the famous Rivera fresco (1933), is Lenin and Trotsky, but there is no Stalin. Above the bed, Frida posted Marks, Engels, Lenin, Stalin and Mao. However, in her home - museum, I heard that this set has been changed in recent years, after the death of Rivera.

At May 24, 1940 was made the first association attempt. In this regard, there are different versions:

"In the meantime, the Mexican Communist Party, apparently, on orders from Moscow, decided to "duplicate" the special agent, and organized their own plot to murder Trotsky. May 24, 1940 his villa was subjected to an armed attack. More than twenty militants wearing masks literally turned upside down the whole house, but the hosts managed to hide. Not otherwise as fate kept the Kremlin outcast: Trotsky, his wife and grandson were not injured".

It seemed to me that the shooting "tried to assassinate Trotsky" was not disorderly. It was very orderly, if failed, releasing a "disorderly" hundreds of bullets and no one hurt. Siqueiros in the form of police major apparently watched it to be sure; that the bullets were flying in the wall, to the direction where obviously no one was. Anyone can today make sure by visiting the home - museum of Trotsky and investigate bullet marks, that fire was done in the way that nobody in the room where was Trotsky would be hurt.

Then is given, "May 24, 1940 a group of Stalinist murderers headed by David Alfaro Siqueiros, a famous artist, was successful - most likely with the complicity of a guard Sheldon Hart - enter the territory of villa Coyoacan and in the early morning hour in the bedroom of Trotsky, firing from machine guns. Harold and the other guards were pinned down by machine gun fire in another part of the villa. In the end, when he concluded that the task is successfully completed, the killers fled. However, they failed. Trotsky and his wife managed to escape on the floor beside the bed".

Ilya Kogan

More, "In the KGB archives the Grigulevich figures as "the true leader of the attack on Trotsky's villa" on the night of May 24, 1940, he knocked at the door, which kept a Trotsky's bodyguard an American Robert Hart. Grigulevich in advance made an acquaintance with Hart, he made friends with him, and Harte confidently opened the gates to the familiar voice. Group burst into the courtyard. The first attempt on Trotsky ended in failure. Siqueiros bandits riddled with gunfire Trotsky bedroom, but they shot through the closed door, and, being assured of success, hurried to escape, without checking the results". Traces from bullets suggest that the firing is not along, and was nearly perpendicular to the wall, that is not in the direction of the bedroom. Traces of bullets are on the wall of the corridor opposite the bedroom.

"Explaining the failure of the attempt, Sudoplatov stressed, "The group of capture was not professionally prepared for a particular action ... Under Siqueiros was nobody who had the experience of searches and inspections of premises or buildings". The attackers were not the direct agents of the NKVD, they were chosen by Siqueiros only to participate in this operation".

Then appears version of "self-assassination": "Before May 28 the investigative already were imposed on the version of "self-assassination", as evidenced by a sharp turn, which occurred in the orientation of the investigation and the Police to Trotsky's inner circle" ... " Trotsky wrote a letter to Cardenas, which stated: "Mr. President! ... "Even if we assume the impossible, namely, that ... I decided to organize "self-assassination" in the name of an unknown goal, it still remains the question: where and how I got 20 performers? What are the ways to equip them in the police uniforms? ..." Following this logic, Sudoplatov could explain innocence so that the agents could not walk for passing the ocean to get to Mexico.

However, "a MCP politburo member Andonegi Serrano said that Trotsky gave Siqueiros money ether something as publication of a magazine, or ... the organization of "self-assassination".

The next step of psychic attack was prepared long before May 24, 1940. "The assassination of Trotsky NKVD decided to implement by hands of its agent Ramon Merkador, ... who had already mastered the basic course of terrorism in Barcelona, **and continued to enhance the skills learned in one of the NKVD special schools**, (my highlighting, I.K.) **focusing on the secret killings.** ... From Moscow, he was sent to Paris, where he "accidentally" met with an American named Sylvia, who was messenger of Leon Trotsky. Ramon, on the documents, Jacques Mornar ... persuaded Sylvia to marry him". This was in 1939.

"When choosing the murder weapon the "triplet" (Eitingon, Caridad, and Mercader) came to

Ilya Kogan

the conclusion that it is best to use a small ice pick climber because it is easier to hide it from the guards and with it can be made silent stroke, so that no one would running to help Trotsky. Hoping for his physical strength, Mercader wanted to kill Trotsky with one blow of the ice ax. In addition, at the day of the murder he had with him a knife and a gun".

August 20, 1940 "At 5 hours and 30 minutes came without an invitation "Jackson", dressed in the same way as on August 17 - in a hat and a cloak hanging on the left hand pressed to his body. Meanwhile, he always boasted that he puts on neither a hat nor a coat - even in the bad weather, but this day was clear and sunny. ... He went to Trotsky, who was at the rabbit houses. Accompanied him Sedov asked: "Is your article ready?" - "Yes, ready." "He took by a constrained movement of the hand, still not detaching it from the body and clutching his cloak, in which were sewn, as it later became known, an ax and a dagger, and he showed me a few typed sheets".

What we have? A professional assassin, prepared by training in the NKVD special school for silently killing with a knife, comes, for pushing with a "triplet", with completely inappropriate and cumbersome arsenal. To hide this arsenal he in a very hot August day clothed for an event of bad weather, which happens in Mexico in the winter and once in a few years. This certainly confirms that he was sent to be unmasked. It was a miracle - this was not happen, and he clumsily executed the unneeded task. He apparently did not know the true Stalin intentions, who wanted to prove Trotsky its vulnerability. Therefore, it was nothing to do, but to give to Ramona the title of Hero of the Soviet Union.

From the street the wall is wrap, and very high. The Secretaries room that went into a neighboring yard was opaque to a height of human tallness. The windows of the Trotsky office are transparent. His job is clearly visible from the roof of the next-door house. Distance is no more than 30 meters. The yard, where Trotsky often spent time, was visible from several neighboring houses, which had entrances from other streets.

For the operation was spent about $5 million. In those days in the U.S. such a house worth less than $10,000, in Mexico City it was much less. If you wanted to kill Trotsky, you should have to buy these neighboring houses and put there snipers. It is much easier, cheaper, and most importantly, much reliable. Knowingly was pursued a different goal, and the killing was unintentional.

The question still exists, **what really is?**

8.4. WAS THE CRISIS PLANNED?

8.4.1. REASONS, or what do we have?

In the business of selling houses, someone found a fraud that promised a higher percentage of profit. Money rushed into the business. It was offered a loan, which had for the first 6 months an unusually low percentage rate. Buying a house could be done without verification of income.

I answered to constant telephone calls, that they lead the country to financial disaster. My ability to fight with this superficial financial fraud were by sending E-mails explaining the situation to the organizations, from which depended preventing this. Perhaps no one looked at my E-mail. What really happened now is known all over.

In the entire history of the crisis is remarkable the following. I am not an economist and could clearly foresee this. How it turned out that this was not prevented by economists.

The day after the final approval of President Trump (exactly the next day that show that it was arranged), started a powerful company. Calls and E-mails to the owners of the houses. It is like a repeat of company for crisis. **Why? Apparently disrupting Trump economic plans.**

8.5. ON INCREASING PENSIONS ACCORDING TO INFLATION

8.5.1. What do we have?

1. There exists a state regulation on the increase of pensions according to inflation.

2. The real value of pensions falls catastrophically.

What we do not have, any explanation.

8.6. AND SO ON AND SO FORTH.

In these books, attention is drawn to,

Omnipotence of the bureaucracy. The harm caused by bureaucracy to the society.

Political economy of socialism. The author more than 40 years worked in this system.

The phenomenon generated by Snouden.

Warned nationalists and pointed that they would destroy themselves.

8.7. AND SO ON.

Ilya Kogan

9. NOTEBOOK 2017
(Add-ons)

This chapter is an addition to the book "**NOTE book**".

As I wrote my notebook, is longer than 80 years and cannot be written fully. Much disappeared from memory, just disappeared, and no one exists to ask. The surrounding empties, left three of former student with whom I can dialogue seriously, but they usually do not remember as well. A few more whom I can call, but not speak seriously.

With me in the room (1947) lived 18 students, I can still remember where stood their beds and their names. However, if mistaken, nobody left to check. The car I drive less and less. This "beast" a shining "continental" as soon as you give it freedom when on a highway, in a second goes above 70 miles. The good thing is that within an hour walking there are shops where we can buy everything is needed. The good thing is that the first two floors took our son's family, but grandchildren already do not live with us. We have chosen the third floor to walk up the stairs, and when it would be difficult then we install chairs-lifts.

To us it is strange that there is freedom and material support of the illegals. We came on visas, which were for long awaited. In five years, we have received citizenship. Worked from the first days up to 70 years to receive a State pension. Moreover, to us is unavailable the health care that immediately get those who entered without a visa, breaking the law.

Of course, they vote for Socialists, which make that for them; document for voting is not needed. We are asked to show Passport. **REAL WONDERS**.

Working at P.O. Box 96, I heard many stories. All the leadership there was from the rehabilitated "enemies of the people." They were suddenly at night taken on "Lubyanka" and declared that they were "enemies of the people". Waiting for distribution to "sharashka" (design organization in GULAG), they read and played volleyball, a team of "engineers" against "scientists".

Proving that denial to me leaving the country is meaningless, I sent to the competent organizations an economic background. However, for the reader is better to watch a film about Peter Leschenko, to understand economic essence of the system.

Ilya Kogan

I more believe to E. Evtushenko, who wrote "... so the performance for the actor ends, however, the watcher still lives in it." than to speculations about emotional stress of actors on the stage.

American journalists-Socialists know and are afraid of their Socialist leaders. More, they are afraid that they would not be invited to Russia.

Many distinguished authors say about the irrelevance of terrible nuclear experiments. These experiments were needed,
    1. They have shown the ability to attack through the epicenter of the explosion.
    2. They have shown the weakness of the West Germany, which put on the border Atomic charges.

    Losses ... for members of the CPSU are nonsense.

Now beheading is not needed, enough layoffs. Where, for example, a teacher would go.

However, the life goes on,
1933-34 not enough food,
1943-44 starvation
1953-54 not hungry, at last,
    1993-94 finally, fed up. A new problem of choosing (United States). We retired, and still can afford to take a cruise. There a comedian said, did

you notice that all smiles to each other. Nevertheless, even in this paradise there are things to put down your mood, for example, neighbors say they bought exactly the same cabin as our two times cheaper.

Yes life flowing and scientists say that is just around the corner
The MAKROPULOS TOOL

Long ago, I read the MAKROPULOS TOOL (K. Čapek 1922) it was interesting. The author has demonstrated that it is possible to rejuvenate the body after clearing it from all that it has accumulated over the years.

Searching for an elixir of immortality already is for thousands of years. It is natural, but I am surprised that it is so little progress. The impression is that these were only spies who were looking for anyone to steal the, already existing, secret. Finally, "the miracle" we learned about telomeres.

It seemed to me that it is needed to compare young and old cells. I understand that this is not simple. However, telomere length and difference of many other features would have been discovered long before.

Apparently, the protoplasm of young and old cells should be different. This is primarily in cells and dirt on the walls of blood vessels and organs. "Sorcerers" had this idea for long. There are plenty of guides to cleanse the body. That is, techniques to rejuvenate cells by cleansing them from slag and sediments accumulated over the years.

I am convinced that a breakthrough is possible with the engineering approach to the problem.

ANTITRUMPIZM

Election campaign, one side (Hilary) was confident of victory. Her companions (rivals) she had destroyed. All her behavior, to say the least, is strange.

For example, she sent massive amounts of sensitive information as open text. At the same time, this information is sent over secluded channels.

Intelligences of different countries have the option of comparing open information to closed one, find codes, and read all the secret correspondence of the United States. It was boloney, and as a result a crime.

Who reads all this, Russia, China, Iran, England, Germany, and others. That is, all countries in which is honest intelligence. After all, it is their duty.

However, cocky stupidity loses to regulate Trump. Time impossible rotating, but evil spirit wants to indulge. The recipe is known, and here is another series of "All the King's men." Led all by appointed a special prosecutor a competent, a meticulous.

RESULTS 2017

He digs a hole after hole, but all past the goal line; all are really for the Clintons and the Democrats. Strangely, such a specialist should forestall at least a step forward. It should not be precluded, let him continue. The material is already enough for another series (a parody of) the film "All the King's men."

At the same time are denounced the United States MEDIA. Their coverage of the Trump will be in history. For damage of the prestige of the United States, they have inflicted huge. Ears become weak of their slander.

I am worried that Trump would not go for a second term, why he needs all this fuss. To raise such a great family not a simple task. In addition, wife-beauty takes time.

Hopes that he would encourage many worthy successors

Ilya Kogan

10. MORE ABOUT MIND IN THE UNIVERSE (Suppl. 2017)

10.1. A ROMANTIC ENTRY

In reputable books, you can read about the happy future of society in which people coexist with singularity. However, some argue that human civilization is usually self-destructive.

I liked a blank verse of Igor Huberman on this topic.

Ушли фашизм и коммунизм,
Зло вышло в новую конкретность,
Но сгубит мир не терророзм,
А бля*ская политкорректность.

Below my translation of it.

It passed fascism and communism,
Evil came to a new specific,
The world would be killed not by terrorism,

RESULTS 2017

It would be the fuc*ing * political correctness.

Specialists allow exceptions. In the Galaxy is approximately 10^{12} stars. Let in a thousand star systems one has a planet with conditions for the development of life. Recent publications allow this.

Let us say that on one of a thousand of planets society will overcome the political correctness and would not crash itself. Then in each Galaxy would be a million planets where life will evolve without self-destruction.

In the universe is approximately 10^{12} galaxies. That is in the universe is evolving life on 10^{18} planets. On all of these planets will appear, inevitably appear, Singularity.

To develop for singularity is needed approximately six billion years. Many stars, according to the red shift exist up to 10 billion years. Hereafter some Singularity's age is about several billion years.

It makes sense to consider what managed a Singularity during this time and what is waiting it. I like "aphorism" of R. Kurzweil

"So will the Universe end in a big crunch, or in an infinite expansion of dead stars, or in some other manner? In my view, the primary issue is not the mass of the Universe, or the possible existence of antigravity, or of Einstein's so-called cosmological constant. Rather, the fate of the Universe is a decision of the jet to be made, one which we will intelligently consider when the time is right".

From this statement, it follows that the time limit can determine singularity itself. However, it would be true, if it would be possible to overcome the fundamental physical difficulties along the way.

10.2. A CLOSED UNIVERSE

Approximately every 15 - 20 billion years a closed universe passes through the phenomenon of the big bang (BB). It is clear that during this period all life, including the singularity would be destroyed. That is, the lifetime of the singularity is equal to an interval between large explosions, minus six to seven billion years.

It is about 10 billion years in conditions of the law of accelerating development. Almost infinite time from the perspective of the history of the development of life on Earth.

Let me remind that the evolution of the singularity is fundamentally different from the evolution of life known on Earth. The evolution of living organisms occur by small changes from generation to generation. Singularity can design and produce offspring, which is fundamentally different from their ancestors. Design of the descendants is not related to natural selection. I would emphasize that it is in the presence of accelerating development.

However, BB is inevitably approaching.

10.3. THE OPEN UNIVERSE

Let us for some time forget about conservation laws that affect eternity and infinity of the universe, multiple parallel universes, instant communication and other phenomena discussed by the physicists. Let us say that our universe is the only one, which eternally and infinitely expands in created space.

Of course, you may ask to clarify the concept of the expansion of space. For example, if all increases in size, it is growing the unit of length as well. How did you find about expansion?

If are increasing the sizes of the elementary particles, because of this can be affected the physical laws.

Taken assumption would release infinite future for singularity, which it is entitled to use.

Suppose that the star of the considered planet does not pass the stage of a supernova, it will turn into the cold dwarf. Singularity would not be destroyed; it would require its own source of energy and robots for service.

As energy source can serve the hydrogen fusion. By the time, the technical issues would be resolved.

Service by people, apparently, should be excluded even if the problem of immortality would be solved. Accidents will inevitably lead to a permanent reduction of humanity.

More reliable and renewable are robots. Their images are shown in many movies. Today, you can create a mechanical spider. It can be fitted with two pairs of eyes, hands and locator. Laboratories already have and tested muscles and skin with sensitivity.

Why is it that we do not know about the existence of a singularity in our universe? On this issue, I suggested earlier. However, let me remind that there are many problems, which threaten the singularity.

10.4. DANGERS

The element base of singularity would be more miniature than the electronics of modern computing devices. There are many conditions for meeting these requirements.

There are sporadic flares on the sun that disrupt electronic devices on the Earth. These outbreaks do not go unnoticed by the human nervous system. Apparently, outbreaks, for example, the one that was on September 9, 2017 could destroy the singularity if any appears on the Earth. This was not a most powerful flare, which was recorded.

Release of energy by a powerful solar flare may be up to 6×10^{25} joules. It is about 10^{-5} the power of sunlight. Sun radiation lasts for 10 billion years, or approximately

10^{18} seconds. Then mentioned flash is about 10^{-23} from solar life radiation.

If there is a supernova explosion of a star with a mass of the order about five solar masses, then energy exceeds the energy of Sun flashes in 10^{23} times.

The Sun flares are at a distance of eight light minutes from the Earth. In our own galaxy regularly appear supernovas. I remind that we are talking about billions of years. Distance to the explosion is on order of 5000 light years, but there are also smaller distances. It is approximately 10^9 light minutes, or 10^8 distances from the solar flash. Then there is that the explosion of a supernova in a nearby galaxy is roughly equivalent to Sq.Rt $(10^{23})/10^8$ and it is more dangerous (more destructive) to Singularity on the Earth than solar flares of our San. Living biological creatures have repeatedly experienced this phenomenon. For the singularity, it would be not possible.

10.5. THE PROTECTION

Affordable protection can be achieved by placing the singularity in the deep underground. However, it does not save from penetrating flows of neutral particles, such as neutrinos or neutron.

There are other options. For example, the planet was in the shade (behind) a huge black hole in the center of a Galaxy. It may be that massive black holes are not transparent to any flow of energy and particles.

Ilya Kogan

It is likely that from 10^{18} planets thousands would be protected by black holes. This negligibly small part but on thousands of planets continue life of singularity.

10.6. THE INFINITE UNIVERSE

The author believes in omnipresence of conservation laws and, as a consequence, the infinity of the universe with an infinite multitude of local universes. Our universe is one of them.

The reaction of synthesis of hydrogen is about 100 times less effective than transforming matter into energy (reaction of annihilation). Apparently, in BB comes this metamorphosis, i.e. the mass of the universe is converted into energy at least not less than 1% of its mass.

In the local universe is about 10^{24} stars. BB of the neighboring universe occurs at a distance of one billion light years or a million times farther than the explosion of a supernova in a nearby galaxy. Its radiation would be weakened in 10^{12} times. That is radiation of BB in neighboring universes would be significantly exceed destructive radiation of solar flares and Supernova in nearby galaxies, namely approximately $10^{24}/10^{12} = 10^{12}$ times.

Every local universe has about 10 of these neighbors. That is approximately every two to three billion years all of singularities in each universe would be destroyed. For example, if the singularity will appear on our planet, then it will live no longer than three to four billion years.

Perhaps the singularity is close, but it is not long lasting. Perhaps humanity survive if it can survive after such a dose, which acts for a long time. There is reason to believe that living beings can survive such phenomena. On the Earth, life exists more than 5 billion years. For such a period, in one of the neighboring universes was supposed to happen BB. Supernova explosions in our Galaxy were happen thousands or millions.

However, you must take into account the enormous intellectual and technical capabilities of the singularity. If black holes allow escape from deadly radiation, singularity can take action. For example, in advance to move to a safe place. This allows it to exist until BB in own universe.

If for the singularity would be possible, cited above Kurzweil's assumption, singularity lifetime will increase substantially.

How Singularity will spend time? I am still not good enough even to fantasize about this topic.

Ilya Kogan

RESULTS 2017

Ilya Kogan

*God, grant me the serenity
to accept the things I cannot change;
the courage to change the things I can;
and the wisdom to know the difference.*

ИТОГИ 2017

Илья Коган

ISBN-13: 978-1978350625

ISBN-10: 1978350627

СОДЕРЖАНИЕ

1. ПРЕДИСЛОВИЕ 159

2. ЖИЗНЬ 170

3. ЧЕТВЕРТОЕ ИЗМЕРЕНИЕ? 189

4. МОДЕЛЬ ВСЕЛЕННОЙ 207

5. ЭВОЛЮЦИЯ, МОЗГ 230

6. ГАЯНЭ – ОКТАГОН 251

7. ВОПРОСЫ К ИСТОРИКАМ 274

8. РАЗНЫЕ МЕЛОЧИ 296

9. ИЗ ЗАПИСНОЙ КНИЖКИ 312

10. ЕЩЕ О РАЗУМЕ ВО ВСЕЛЕННОЙ 318
    (дополнение 2017)

Ilya Kogan

1. ПРЕДИСЛОВИЕ

Я обнаружил, что забыл включить в книгу **ИТОГИ 2016** раздел о развитии интеллекта во Вселенной. Этот раздел – «**ЭВОЛЮЦИЯ РАЗУМА**» готовился несколько лет. При его чтении необходимы ссылки на смежные разделы. В этой связи целесообразно переиздать ИТОГИ 2016 с незначительными изменениями и дополнениями. То есть книга ИТОГИ 2016 будет заменена на **ИТОГИ 2017**. Новый материал помещен в раздел «**10. ЕЩЕ О РАЗУМЕ ВО ВСЕЛЕННОЙ (дополнение 2017)**».

Однако в жизни разум развивался иначе. Я вспомнил как мама вернулась из военкомата (1945), где ей вручили документ о смерти Давида. Вдруг я услышал страшный стон, вопль, вой. Она запела «Напрасно старушка ждет сына домой, ей скажут она зарыдает …». Она занесла над головой топор, который я успел отвести. Да, в 50 она стала старушкой. Старой, старой, она сгорбилась и осунулась за несколько минут. Эта сцена и страшный отзвук периодически посещают меня.

Видимо это будет моим последним видением в жизни.

Для каждой матери ее сын бесконечно дорог. Командующий может послать миллионы таких в огонь Ржева или в воды Волги. Авось один из ста достигнет (то есть его плот доплывет) Сталинграда. Потом он спокойно скажет, «Бабы новых нарожают.» (Жуков).

В этой связи добавлена глава 9, в которой есть кое-что не включенное в книгу **NOTEBOOK**.

Я оглянулся и обнаружил огромную пропасть между моим детством и сегодня. По этой причине в начале кратко описана моя жизнь и выделены особо важные положения. Читателя могут удивить даты. В США многое было на десятилетия раньше. Однако производство современного вооружения в СССР не уступало по качеству и значительно превосходило по количеству. Это не интересует социалистов, которые в США называются демократами. Они вспомнят песни Галича, когда окажутся в ГУЛАГе, созданной ими страны. Не дай Бог!

Напомню несколько эпизодов из жизни, которые могли существенно на нее повлиять. **1941**, я пошел за продуктами, вернулся, а наш эшелон ушел. Сел на тот о котором сказали, что он идет в нужную сторону. Платформы со стаканами для снарядов. Подходит группа ребят. Сначала съедают все, что я купил. Затем играют в карты и двое, выигравших заявляют, что они возьмут меня за руки и за ноги и раскачав сбросят. Я открыл перочинный ножик, взял во вторую руку снаряд и сказал, подходите. Вожаку это понравилось Он был заметно крупнее остальных.

Он сказал, что я могу отыграться, что и сделал. Шайка ехала в Узбекистан на зимовку, там они попадались и их определяли в детдом. Весной они обкрадывали детдом и ехали воровать в Сибирь. В Узбекистане воровать было опасно. Узбеки забивали сапогами воришку до смерти.

Мне не пришлось участвовать в их делах, я играл на пару с вожаком. Мы всех обчищали и меня ненавидели.

Когда продавали весной краденое, я на базаре увидел маму. Проследил и зашел к ней. Она что-то продала из вещей и вечером уезжала из Маргилана в село под Андижаном, где жил (нашелся через Бугуруслан) средний брат. Он отстал от эшелона на три недели раньше меня. Я объяснил ей ситуацию и сказал, что обязательно приеду.

Вечером на станции Горчаково была облава. Нашего вожака схватили как дезертира. Все разбежались, и я нашел маму в ее поезде.

Брата вскоре призвали в армию. Мы переехали под Фергану, где жила жена маминого брата. Оказалось, что в школу я ходить не могу, по дороге меня избивают, как порхатого жиденка. Я не мог идти в класс с лицом, залитым кровью. Пошел учеником фрезеровщика на текстильный комбинат. Смены, неделя с 7 утра до 7 вечера, следом с 7 вечера до 7 утра. Без выходных и 30 мин перерыв.

1944, освободили Николаев, и мы вернулись. Поступил на завод фрезеровщиком. Затем в ремесленное училище на модельщика по дереву и в вечернюю школу. Брат погиб 21 января 1945 года и в последнем письме просил меня учиться.

1947, сдал экзамены на аттестат зрелости, и по результатам должен получить золотую медаль. Мне выдали все документы, как медалисту, кроме аттестата. В институтах кончаются вступительные экзамены, а я не могу подать документы. Меня вызывает директор и предлагает выбрать по каким предметам мне поставят четверки и дадут простой аттестат. Приезжаю в Институт Связи и меня принимают без экзаменов. Это освобождает меня от армии.

Ilya Kogan

1950, кончаю третий курс и у мамы кровоизлияние, парализована левая сторона тела. Сначала она в больнице, а потом дома.

Я утром хожу в больницу, а оттуда в яхт-клуб. Питаюсь черствым хлебом с водой. Мне дают лодку на студенческой станции. Замечаю на берегу знакомого и подъезжаю чтобы позвать в лодку. Он говорит, что познакомит меня с девочками. Я знакомлюсь и одна с очаровательной улыбкой соглашается. Вот мы с тех пор неразлучны почти 70 лет.

Договариваюсь с женщиной, которая будет у нас жить и помогать маме. В октябре получу телеграмму, срочно приезжай, мама одна. Двери открыты, забегаю в квартиру и слышу истошный крик, скорее подсов. Иду выливать подсов в туалет, который в конце двора. Возвращаюсь и обнаруживаю, что в нетопленой квартире, кроме кровати, в которой мама, поломанной табуретки и стола нет ничего. Нет ни одной тряпочки или бумажки, горы мусора на полу. Это две полуподвальные комнаты, без электрического освещения, ближайшая вода во дворе за углом. В продуктовых магазинах пустые полки (1950), но и денег нет.

Наладил жизнь, встаю до рассвета, чищу и затапливаю плиту, кормлю маму и сажусь за учебники. Вечером иду к Миле. Сейчас, через полвека понял, что это было мое спасение, я не думал о будущем. Бесконечные, темные, зимние вечера; какие страшные мысли могли родиться в моей голове.

1951, обнаруживается, что я уже месяцы не был на лекциях. Я приезжал на день, сдавал все экзамены, лабораторные, контрольные, зачеты и так далее. Ходят слухи, что больная мама это моя выдумка, что я в Николаеве я из-за девочки.

Меня вызывают на заседание бюро комсомольской организации. Ставится вопрос о моем исключении, как следствие армия.

Мой друг говорит секретарю Парткома института Паншину (он был председателем приемной комиссии и способствовал моему поступлению в институт), который присутствует, что нужен перерыв. Он рассказывает правду, и Паншин спрашивает меня, ведь через два месяца практика в Кишиневе. Я выдумываю, что врачи сказали, что через месяц мама поднимется.

Мне начинают предлагать помощь. Показываю зачетку, в которой все пятерки и говорю, что сам справлюсь. Одна девочка говорит, что поедет в Николаев помочь. Я взорвался и заорал, ты будешь подавать маме подсос и спать со мной на столе. … Тишина и заседание закрыли.

Ilya Kogan

Через месяц я очередной раз приезжаю в Одессу, а там меня ждет телеграмма о смерти мамы. Похороны, я оставил открытую квартиру и прямо с кладбища уехал в Одессу. Началась нормальная студенческая жизнь.

В аспирантуре меня не оставили, но назначение было очень удачным. В Ереване строили подземную радиостанцию, где я работал монтажником и наладчиком с лучшими специалистами страны.

Мила работала со мной и пела мне в ближайшем ущелье. У нее очень сильное колоратурное сопрано. Голос разносился далеко в горах, а я знал все партии опер и оперетт.

1953, приезжаю в Николаев за Милой, мы расписались. Впрочем, ее «друзья» меня предупредили.
- Ты прожил тяжелую жизнь. Правды никто не знал. Ни одного человека я не приводил домой, никому не рассказывал о своей жизни в то время.
- Она избалованная кошечка, в институте ее называют аристократкой.
- Вы не найдете общего языка, подумай.

Молодость безрассудна. Через пять дней я слушаю ее концерты в ущелье у речки.

Прошло много лет, и мы все это время неразлучны. Кажется, что все больше тяготеем друг к другу. Конечно время влияет. У меня неизменный вес, но лысина. Кажется, я сейчас менее твердо стою на полу на двух ногах, чем тогда на одной руке на перилах балкона. Мила сохранила подвижность и прочее

1956, тесть зовет в Николаев. 16 апреля отменили крепостное право, мы подали заявления и уехали. Но в Николаеве нам работы нет, нет ее и других 63 городах, куда я написал. Работал временно плотником. Поехал в Москву и в министерствах подходил к каждому солидному мужчине. Так наткнулся на заместителя директора Кироваканского «НИИАвтоматика».

Приготовились ехать, но меня призвали на четыре месяца на курсы переподготовки офицеров. За это время прибыл отказ из Кировакана. Тесть пошел со мной к второму секретарю Обкома, и он устроил меня сменным инженером на радиоцентр. Через месяц меня уволили. Я искал на грунтовой дороге каменистый участок, чтобы покончить с собой.

Посовещались и решили, что я поеду в Кировакан и скажу, что был в лагерях и письмо не получал. Приехал, меня сразу оформили и дали прекрасную квартиру. Письмо было не от руководства.

Ilya Kogan

Работа навела меня на золотую жилу «техническую диагностику».

1986, мы в США и с 70 на пенсии.

Книга в основном о взгляде автора на природу (мир, вселенную). Каждая глава является кратким изложением книг, на которые дана ссылка в ее начале.

Имеются две альтернативные возможности, законы сохранения и всемогущая (очень могучая) сила, которая управляет созданным ею миром. Во втором случае все является либо фантазией авторов, либо описанием впечатлений от наблюдений за действиями всемогущей силы. То есть физика и математика в этом случае эквивалентны, например, ботанике или истории.

Автор убежден, что в основе существования Природы лежат Законы сохранения. Читатели, которые не разделяют эти принципы не согласятся с выводами.

Всегда нужно помнить о вездесущих Законах сохранения, и о том, что (как заметил Stephen Hawking) Люди так рады найдя решение, что порой забывают, что оно не имеет физического смысла. (*«People are so pleased when they find a solution, that they did not care that it probably has no physical significance*»).

В случае отказа от Законов сохранения будет то, что решит Всевышний. И не будет иметь значения то, что доказано теоремами или подтверждено экспериментами. ОН может передумать.

В моих работах не анализируются или критикуются бесчисленные произведения на эту тему. И не только потому, что это немыслимая задача. Ведь нет ни одного мнения (и даже оттенка мнения) которые описаны и не были детально разобраны (часто отвергнуты) авторами или их оппонентами. Однако единого мнения все еще нет.

В работах приведены тезисы взглядов автора на проблему. Положения, высказанные автором, не претендуют на открытия. В тех случаях, когда в упоминаемых работах есть явное противоречие здравому смыслу это отмечается. Одновременно, по мнению автора положения, высказанные в работе почти очевидны и по этой причине не требуют более серьезного обоснования.

Книга написана как конспект моих книг. Мой английский деградирует. По этой причине я пишу на русском языке и потом перевожу. Все книги двух-язычные. За английским следует

Ilya Kogan

русский. Исключение — это книга воспоминаний, в которой подробнее, чем в следующей главе, описана жизнь. Это сделано, чтобы книга не была слишком толстой.

2. ЖИЗНЬ

Я, Коган Илья Вениаминович, *еврей по национальности*, родился 5 сентября 1929 года в городе Вознесенске. Структура первой фразы была дана, как обязательная, полковником, членом КПСС, начальником Ворошиловского райвоенкомата Одессы. В 1952 году, мы, в военкомате, писали свои автобиографии для присуждение офицерского звания. Слова в италик были удалены по указанию Начальника Котайкского райвоенкомата Армении в 1953 году. Одесскую биографию он дал мне, сказав, что это документ, заверенный подписью и печатью Ворошиловского военкомата и может мне пригодиться.

В 1932 году наводнение разрушило город Вознесенск и наш дом. Мы переехали в г. Николаев, где сняли полуподвальную кухню. Большую ее часть занимала огромная русская печь. Печь требовала много топлива и зимой было холодно. Электричества (у нас), канализации, и водопровода на было. В моем окружении было много таких как я. Нам не хватало всего, но мы не голодали. Отмечу, что даже голодомор не касался городов. Им члены КПСС задушили сельское население, которому доступ в города был закрыт армией.

1934, я и другие дети выбегали, на улицу. Хлопали и пели если пролетает самолет или проезжает автомобиль. Семейные фотографии можно пересчитать по пальцам одной руки.

Были в моей жизни и светлые стороны. Во дворе жили: Дина Яковлевна Заславская, дети которой жили в США. Историк Владимир Вячеславович с женой – тетей Дусей. Инженер Антон Яковлевич Карно с женой - врачом Софией Соломоновной. Я был на всех один ребенок.

В Николаеве жила мамина сестра с мужем, у них тоже не было детей. Ее муж - дядя Сережа задаривал меня великолепными конструкторами и разными наборами инструментов. Еще он дарил прекрасные книги и выписывал мне газеты и разные издания типа «Для умелых рук».

1937, А. Я. купил радиоприемник и фотоаппарат. В ворота военной части, которые рядом, въезжают танки и пушки. Нам поставили (бесплатно) радиоточку. По углам на столбах поставили громкоговорители.

Была неприятная обязанность, обойти улицы и собрать лошадиный и коровий навоз. Из него с угольной крошкой лепили лепешки, которыми топили зимой.

И все же, мне было лучше, чем многим моим сверстникам. Сад, весной утопающий в разноцветной сирени и других цветущих кустах, и деревьях. Три огромных шелковичных дерева кормивших нас два месяца. И вяз с расходящимися тремя стволами, с ветками гибкими как веревки, с огромной густой кроной.

Там были наши шалаши, индейские наряды и луки. Там я привязывал хитроумными узлами моего 10-летнего брата, завешивал окна и закрывал двери. Я делал шахматный ход и выходил сказать ему. Но в первую очередь проверял, как он привязан. Я проигрывал и недоумевал, как ему удается так быстро развязаться, подсмотреть позицию и снова залезть, и привязаться. Что можно играть «в слепую» я не верил.

Брата я обожал, он был лучший драчун, чемпион города среди подростков по шахматам и по плаванию. Поступая в школу, я уже выучил вместе с братом программу первых четырех классов.

1939, хлеб по карточкам.

Ilya Kogan

В 1941 началась война; мы эвакуировались. Сначала брат, а потом я отстал от эшелона и шатался с какой-то шайкой воришек. Жил в детском доме. Маму встретил в Маргилане в 1942. Переехали с ней к брату в село около Андижана. Его вскоре призвали в армию.

Мы переехали в текстильный городок под Ферганой. Жили в комнате, где еще жили, пожилая женщина и мама с дочкой. Они пережили блокаду и только двое, из большой семьи, выжили. От них я знаю подробности блокадного Ленинграда.

В школу я не мог ходить. На улице меня ожидали мальчишки, которым доставляло удовольствие избить «жиденка». Если я пытался отбиться. То меня хватали за руки и били пока лицо не было залито кровью. Я прибегал домой и плакал, скорее не от боли, а от несправедливой обиды.

Пошел работать учеником фрезеровщика. Работа была без выходных; неделя с 7 утра до 7 вечера, неделя с 7 вечера до 7 утра, 30 мин перерыв на еду, которой практически не было. В то время я мечтал и днём и во сне только о еде (любой еде). Ноги пухли от голода и через день жестокий приступ малярии.

1943, мой новый фрезерный станок имеет свой электромотор. Все остальные станки движутся от шкивов на оси под потолком.

В 1944, вернулись в Николаев. Поступил на завод, но туда без обуви не пускали, а в колодках ходить я стеснялся. В школу ходил босым. Брат написал, чтобы я пошел в школу, но вместо его офицерского аттестата пришли свидетельство о смерти и ордена. Пошел в ремесленное училище и в вечернюю школу. Пошел по возрасту в восьмой класс (в 5, 6, и 7 я не учился).

По окончании школы (1947) пытались сорвать мое поступление в институт. По итогам мне полагалась золотая медаль, но выдали простой аттестат с задержкой. Уже было поздно сдавать вступительные экзамены, но (о чудо!) меня приняли.

И вот я в студенческом общежитии. Я сплю на простынях, как и другие 17 моих соседей по комнате. Впервые в жизни, уютно, весело дружественно.

Трудно, нужно работать и помогать маме. И вдруг у нее инсульт. Она не может быть одна парализованная в холодном и темном подвале. Я ухаживаю за ней в Николаеве и «учусь» в Одессе. Второй инсульт и я один.

Однако, я наконец почувствовал все прелести студенческой жизни.

1950, участвую в создании любительского телецентра. В нашей комнате у одного студента (из 18) есть фотоаппарат.

1952, монтажник и наладчик мощного подземного радиоцентра. Кроме генераторов с лампами с мой рост, есть много интересного. Например, регенераторы атмосферы и герметическая защита. У меня свой фотоаппарат.

В 1956 тесть убедил нас переехать к ним в Николаев. Оказалось, что там мне, кроме временных работ типа плотника, везде отказывали. Я был высококвалифицированным специалистом по монтажу и настройке радиотехнической аппаратуры. Это была одна из наиболее востребованных специальностей в СССР в то время. Однако такова была политика членов КПСС. Я написал в 63 областных центра, но везде отказы. Вернулись в Армению.

1957, моделирую системы управления на аналоговых машинах. Программирую на цифровых машинах (1960).

Меня три раза приглашали к себе в аспирантуру известные профессора. По разным формальным причинам меня не допускали к вступительным экзаменам.

Сейчас в США (2016) прошла избирательная компания. Профессора и студенты хотят затянуть страну в социализм. Трудно не верить лжи социалистов. Черчилль отметил, что тот, кто не верит в социализм в 18 не имеет сердца, но если верит в 30, то у него нет ума.

1987, моделирую нейронные сети и генетические алгоритмы в США. Появляется интернет.

Это моя жизнь, но это и действительность, созданная членами КПСС. Это то, к чему призывают профессора и студенты. Видимо «они не ведают что творят». Если, не дай бог победят, то они первыми будут замучены в ГУЛАГе ими созданном.

Я прожил там 57 лет и мне пришлось встречаться и иметь длительные беседы с очень ответственными людьми. Я изучал потоки информации в Типовом Звене Общегосударственной Автоматизированной Системы Управления. Я был научным руководителем этой темы.

Моя первая наемная работа была в 1942, помощник электромонтёра. Фактически я работал с раннего детства. Это уборка, чистка плиты, топка и так далее.

После института направили на строительство мощного подземного радиотехнического объекта в горах Армении.

Как соискатель (то есть без научных руководителей) защитил кандидатскую и докторскую диссертации. На утро после защиты докторской академик Глушков сказал: Что вы сделали с моим Кибернетическим центром. Он гудит как растревоженный улей. Чужой Коган получил 15:0.

Жили и работали в Ереване, Кировакане, Николаеве, Одессе и Риге.

В 1986 году переехали в Нью-Йорк, США. В США работали с женой до 70, и вот мы пенсионеры. Живем на третьем этаже своего дома. Ниже дети и внуки, которым нет времени к нам заглядывать они говорят со мной только по-русски, английский, забывается.

Живем вдвоем (женился в 1953), друзья и знакомые «уходят». Те что остались не водят машины и не ходят по лестницам; говорим по телефону и изредка их навещаем. Мы стараемся быть подвижными и пока это удаётся; лифты-кресла на лестницах пока не требуются.

2000, пенсионер, дома много компьютеров, фото камер, машина, холодильник, телевизоры, радо-телефоны. Автомат поддерживает температуру. На улице у прохожих телефоны – компьютеры. Редко происходит важное событие, которое кто-то не заснял на видео.

Много ездили, например, в Европе были более 10 раз. Были в Японии, Сингапуре, Аргентине, Бразилии и так далее.

Увлекался гимнастикой и греблей. В 1952 на Всесоюзных соревнованиях был вторым. Зрители на берегу утверждали, что наша байдарка первой пересекла финиш. Мне (по секрету) сказали, что судьи не могли дать первенство беспартийному еврею. Ведь чемпиону через месяц ехать на первенство мира, за границу. Говорили, что вторые стали там чемпионами.

Перечислю мои квалификации, только те, которые были подтверждены официально.

1942, монтер телефонных сетей (4-й разряд).
1943, фрезеровщик (5-й разряд).
1944, слесарь инструментальщик (6-й разряд).
1945, формовщик (4-й разряд).
1945, литейщик (4-й разряд).
1945, плотник (4-й разряд).

Ilya Kogan

1946, столяр краснодеревец (5-й разряд).

1947, модельщик по дереву (6-й разряд).

1952, Инженер радиотехник (Диплом с Отличием).

1964, защитил диссертацию на соискание ученой степени Кандидат Технических наук. Москва, Институт Автоматики АН СССР (результат голосования, 16 за и 1 против).

1978, защитил диссертацию на соискание ученой степени Доктор технических наук. Киев, Институт Кибернетики АН УССР (результат голосования 15 за, 0 против).

Решил подытожить свои книги, которые мне дороги и нужны. **Как все изменилось за мою жизнь.**

НЕМНОГО ПОЛИТИКИ

Рос я обычным советским мальчиком. Талантливые «инженеры человеческих душ» михалковы и маршаки внедрили все в мою голову. Я рос убежденным атеистом. Я был убежден, что буржуи хотят отнять мое «счастливое детство». Верил, что религия – опиум для народа. Не подозревал, что самая ортодоксальная религия – это проповеди членов КПСС. Что многие религии являются политическими партиями.

1933 Наши злейшие враги – капиталисты. Нет ужаснее Колчака, Деникина и им

подобных. Ленин защищал короля только когда играл в шахматы.

Одновременно, я повторял за ребе заупокойную молитву о папе и много говорил с ребе. Дядя Володя обсуждал со мной историю от Древнего Египта до наших дней. Особенно много он говорил о возникновении религий и «врагах народа» типа Троцкого. Женщины, которых я по вечерам спасал от комаров дымом, напоминали, что я должен хорошо учиться. Иначе не попаду в процентную норму.

В 1936 году на огромной площади «61 коммунара», был открытый суд при огромном стечении народа. Судили банду «спекулянтов и кровопивцев». Видимо случайно там были только евреи. Однако в толпе открыто говорили, что наконец жидам дали прикурить. Членом этой банды была мамина старшая сестра Хава. Она жила с дочкой и сыном в тесной темной коморке, где кроме тряпья, кровати, тумбочки и табуретки ничего не было. Позднее я узнал, что такие процессы проходили и в других городах. То есть это была целенаправленная акция членов КПСС в масштабах страны.

О происхождении названия площади говорила мемориальная доска, в которой говорилось об этих коммунарах, расстрелянных на площади. Дядя Володя говорил, что это были бандиты и воры, пойманные во время облав на базарах. Их вылавливали и расстреливали не в один день и в разных местах.

1939 фашистская германия и ее лидеры, друзья и враги одновременно. У многих ребят на кисти наколота свастика.

Не знаю какой инстинкт меня предостерег от вопросов воспитательницам в детском саду и потом учителям в школе. Впервые, в 1939 году А. Я., посмотрев, как я рассматриваю гору старых книг и негативов (фото всех «врагов народа»), сказал, чтобы я об этом никому не рассказывал. Иначе дядю Володю и его арестуют. А Вас за что, спросил я, ведь это барахло с его чердака. За то, что я не донес, был ответ. С А. Я. я фотографировал, проявлял и печатал фото. С ним обсуждал фантастические машины, которые собирал из конструкторов, подаренных дядей Сережей.

Я не понимал, что говорю одно, думаю другое, а делаю третье. Через годы я заметил, что так поступает большинство. Видимо, у гомо советикус это врожденное (рефлекс) с давних времен. Иначе зачем искали Рюрика.

2000, о Колчаке, Деникине и других ставят фильмы их с почетом перезахоронили в России.

Мне не раз задавали вопрос, имею ли я, гражданин США, право обсуждать проблемы

России. Не буду останавливаться на проблеме свободы высказываний.

Я работал в России более 40 лет (для пенсии необходимо 25). Мои рационализаторские предложения и научные работы дали многомиллионный экономический эффект. Оба моих старших брата были офицерами и погибли на фронте. У мамы было два брата. Моисей, полный кавалер Георгиевского креста, погиб на фронте в 1943. Виктор, командовал артиллерией Сталинграда (согласно мемуарам) и на пенсию вышел Первым Заместителем Командующего Киевского военного округа. Меня выживали патриоты – антисемиты.

Не им решать кому говорить о России. Однако, они снова решают.

МОЙ ПУТЬ В ДИАГНОСТИКУ

В 1952, в п/я 1 города Еревана я впервые столкнулся с тестированием логических устройств. Безопасность и порядок включения оборудования обеспечивали сложные релейные схемы. Они содержали сотни реле с открытыми контактами, которые отказывали. Найти неисправный контакт предполагалось визуально. Я построил для этого системы тестов.

В 1959 году институт получал цифровую машину. Машина заработала, но моя первая программа не идет. В сопровождающей машину документации было написано: «Завод изготовитель гарантирует исправную работу машины при правильном прохождении тестов». Но одна операция сдвига выполнялась неправильно, хоть она проверялась в тесте одиннадцатью операциями. Анализ показал, что достаточно двух операций и тест будет хорошо проверять сдвиг.

Затем я разработал полную теорию построения тестов, которую раскритиковал автор первой книги по решению задач на АЦВМ – Тер Микаелян. Однако, он рекомендовал меня А. А. Ляпунову в Институте Прикладной Математики АН СССР.

В 1962 году на Международном симпозиуме в Москве мой доклад «Контроль Работы Логических Устройств» слушал на английском (в синхронном переводе) профессор Дж. П. Рот, который в 1964 году предложил алгоритм построения тестовых наборов (D – кубы). Труды симпозиума с моим докладом были изданы в США на английском языке. Трудно представить, что Дж. П. Рот не имел у себя книгу с трудами симпозиума. Наши доклады были в одном томе. Это было до подачи его первой работы по диагностике в печать, но ссылки на мою работу он не сделал. Доклад Дж. П. Рота на симпозиуме был не по диагностике («Прагматическая Теория

Алгоритмов»). Мою первую печатную работу (1958) он вряд ли видел, но знал о ней заведомо.

Первая диссертация на соискание ученой степени по технической диагностике была подготовлена в 1962 году. В моей диссертации не было обязательного раздела о состоянии проблемы в СССР и за рубежом. В этой связи специальная комиссия проверяла, почему у меня нет ссылок на публикации других авторов. Комиссия обнаружила, что ссылаться по диагностике не на кого, а ссылки на труды по математической логике и теории множеств у меня были.

Тесты строились не для схемы, а для логической формулы. С этой целью была разработана запись схемы в виде иерархической логической формулы эквивалентной схеме (ФЭС). Каждой точке схемы соответствовала буква или выражение в скобках. Таким образом, все константные неисправности однозначно отображались в формуле. Это позволяло записывать большие схемы (даже весь компьютер) в виде иерархической системы ФЭС. В дальнейшем это было развито в иерархическую запись алгоритмов (ИЗА), что позволило значительно ускорить написание и отладку программ. Широко внедрить в Советском Союзе мне эту систему не удалось. Я занялся этим, работая в Ситибанке, но и здесь мне не повезло.

Ilya Kogan

Администрация не хотела ставить разработку программного обеспечения в зависимость от одного человека. Одновременно появилось объектно-ориентированное программирование с библиотеками классов и операционная система Майкрософт. Последнее было более приспособлено к пользователям, однако, это не давало многих возможностей ИЗА. Например, ИЗА позволяло автоматизировать написание и отладку программ. В 1990 году для Ситибанка наступили тяжелые времена и вместе с другими, был сокращен наш отдел "Advanced Technology". Наверное, единственный экземпляр отчетов по этим работам остался у меня дома.

Мною был приведен и опубликован в журнале «Автоматика и Телемеханика» (1965 год; журнал переиздавался на английском языке в США) пример, для которого не работал алгоритм (1964) Дж. П. Рота. То есть он не позволял построить тест на одиночную неисправность в простой схеме. Мой алгоритм (и программа, 1958 и 1962) из диссертации позволял построить тест на кратные неисправности.

В 1966 году мною была впервые доказана невозможность построения тестов для произвольной логической формулы (схемы или программы) без полного перебора и предложено проектировать тестируемые устройства. Для некоторых типов схем мною были предложены алгоритмы. Первоначально это положение было отвергнуто. Даже в 1970-х на международной конференции в Ленинграде мне было заявлено группой американских и французских ученых в области технической диагностики, что у них есть алгоритмы на любой случай. Если я не могу, значит, мои алгоритмы не годятся. Мною был предложен пример схемы, для которой построение одного набора теста требовало полного перебора всех возможных входных последовательностей. Из этого следовало, что невозможно построить более эффективный алгоритм и дискуссия завершилась. В диссертации на соискание ученой степени доктора технических наук «Синтез эффективно контролируемых дискретных устройств» теория и алгоритмы были развиты для схем с памятью.

Диссертация была подготовлена в 1971 году, но ученые советы, в которые я обращался, отказывались принять ее к защите под разными надуманными предлогами. Наконец, в 1978 году это мне удалось в киевском Институте Кибернетики АН УССР. Мне все говорили, что это бесполезная затея – провалят. На следующее утро после моей защиты директор института (академик Глушков) сказал: «Что вы сделали с моим Кибернетическим центром? Он гудит как растревоженный улей. Чужой Коган получил 15:0.».

Ilya Kogan

Следует отметить, что к этому времени появились тысячи публикаций и ученых в области технической диагностики. Впрочем, прекрасные специалисты по построению тестов были задолго до меня. Еще в Библии написано, что, создавая что-то новое, Бог оценивал (то есть диагностировал) это своим всевидящим оком («и увидел Бог, что это хорошо»). С тех далеких времен люди всегда проверяли (диагностировали) то, что ими создано. Тем более это делали при ремонтах. То есть не было теоретических работ, но практика требовала диагностировать.

В США продолжить работу в области технической диагностики мне не удалось. Мне было известно мнение, что при создании ПРО все удастся сделать. Есть одна проблема – работоспособность системы управления. Но везде требовалось гражданство. Кто-то мне прямо сказал, что не следует так торопиться выполнять задание КГБ. Я ответил, что он идиот и начал искать другую работу. Заработав пенсию, я могу снова заниматься, чем нравится, но за это время я из специалиста в узкой области стал дилетантом, почти ничего не знающим обо всем. С 70 лет я на пенсии и излагаю свои воспоминания и идеи.

Идеи родились не сегодня. С 1947 года, когда я в колледже слушал лекции по физике и термодинамике, я не соглашался с многими «общепринятыми» положениями. Я пытался убедить профессоров, что основная и вездесущая сила в природе тяготение. И эта сила ведет к упорядочению. Скорее следует говорить не о возрастании неупорядоченности (энтропии), а об ее убывании. Профессора не дискутировали, они отсылали к множеству огромных книг. Идеи были опубликованы на Интернет-сайте автора speculations.us и, по частям в книгах.

      Обсудить эти положения не удалось (с 1947 года).

Ilya Kogan

3. ЧЕТВЕРТОЕ ИЗМЕРЕНИЕ?

3.1. ВВОДНЫЕ ЗАМЕЧАНИЯ

В основу этой главы положена книга *Ilya Kogan "THE FOURTH DIMENSION"*

Для вычисления скорости сближения вспышки света и поезда Эйнштейн применяет преобразование Лоренца, которое позволяет создать другую (удобную в данном случае) систему отсчета. Однако, как отметил А. Эйнштейн «Конечно, это не удивительно, поскольку уравнения преобразований Лоренца выведены с целью удовлетворения этой точки зрения», то есть получения x = C x t. ("Of course this is not surprising, since the equations of Lorentz transformations were derived conformably to this point of view." i.e., obtaining x = C x t. See page 39 of the book "Relativity", Three Rivers Press, NY.).

3.2. АКСИОМЫ

3.2.1. ОСНОВНЫЕ ПРИНЦИПЫ

Аксиомы - это теоремы, которые принимаются без доказательства. Они считаются верными и служат базой некоторого научного направления. На их основе доказываются или трактуются остальные положения этого научного направления. При этом, при доказательстве используются правила, взятые из других областей науки. Они используются как дополнительные аксиомы.

Я неоднократно слышал от очень уважаемых ученых, что есть разделы знаний, где математика не помогает выяснить суть проблемы. Они говорили, что есть случаи, когда лучше использовать для доказательства (в математике) рассуждения, базирующиеся на здравом смысле. Особо хочу отметить выдающегося математика И. М. Гельфанда, академиков А. Колмогорова, М. Келдыша и В. Глушкова, от которых я слышал подобные утверждения.

Возможно, это имел в виду и Альберт Эйнштейн, высказав предложение, которое привел Мичео Каку в своей замечательной книге «Физика невозможного», «Einstein once said that unless a theory can be explained to a child, the theory was probably useless; that is, the essence of a theory has to be captured by a physical picture. So many physicists get lost in a thicket of mathematics that leads nowhere. However, like Newton before him, Einstein was obsessed by the physical picture; the mathematics would come later. For Newton, the physical picture was the falling apple and the moon. Were the forces that made an apple fall identical to the forces that guided the moon in its orbit? When Newton decided that the answer was yes, he created a mathematical architecture for the universe that suddenly unveiled the greatest secret of the heavens, the motion of celestial bodies themselves. »

Многие великие ученые высказывали мысли типа, «дайте мне теоремы, и я найду для них доказательства». Однако они не доказывали аксиомы, то есть сами себе противоречили. Ведь недоказанная теорема, если она принята и есть аксиома.

Например, А. Эйнштейном предложена аксиома о постоянстве скорости света. Далее построен сильный математический аппарат, который хорошо описывает некоторые явления природы.

Здесь, как и во всей книге, подобные высказывания не следует воспринимать, как попытки опровержения некоторых (упоминаемых) теорий. Однако, в какой мере вся теория и ее мощный математический аппарат превращаются в аксиому (вернее, увеличивают длину исходной аксиомы) неясно.

В этой связи интересно высказывание, относительно признания верности геометрии Евклида или Теории гравитации Ньютона. "The analogy between the political and scientific theories is then more far-reaching than is commonly realized: political ideologies which first may be debated (and perhaps accepted only under pressure) may turn into unquestioned background knowledge even in a single generation: the critics are forgotten (and perhaps executed) until a revolution vindicates their objections." (I. Lakatos"The Proofs and reputations" Cambridge, NY 1976, page 49).

Аксиомы не всегда явно упоминаются. Основы Теории Относительности (**ТО**) базируются на аксиомах в качестве таковых выбраны законы сохранения. Например, формула $E = mC^2$ выводится в предположении, что действуют законы сохранения и необходимо найти, следующее из них, и существующее, соотношение между материей и энергией. То есть теорема (основа) есть и ищется доказательство.

То же самое можно сказать об относительности одновременности. Она заведомо существует, если действуют законы сохранения. При недопустимости бесконечных скоростей относительность одновременности будет как в неподвижных, так и в движущихся системах.

3.2.2. БАЗА ОДНОВРЕМЕННОСТИ

В работе «О СПЕЦИАЛЬНОЙ И ОБЩЕЙ ТЕОРИИ ОТНОСИТЕЛЬНОСТИ», (Смотри Альберт Эйнштейн «СОБРАНИЕ НАУЧНЫХ ТРУДОВ В ЧЕТЫРЁХ ТОМАХ» под редакцией И. Е. Тамма, Я. А. Смородинского, Б. Г. Кузнецова издательство «Наука» Москва 1965, стр. 541 – 544). А. Эйнштейн проводит умозрительный эксперимент, в котором длинный поезд движется по неподвижным рельсам и пишет: «До появления теории относительности физика молчаливо принимала, что указания времени абсолютны, т. е. не зависят от состояния движения тела отсчета. Но мы только что видели, что это предположение несовместимо с наиболее естественным определением одновременности». То есть если в силе законы сохранения, то скорости в природе конечны. Как следствие время и пройденное светом расстояние за это время зависимы.

С этого все и началось. Услыхав подобное от профессора на лекции по физике, я удивился и поднял руку (у меня появились вопросы). Мне казалось очевидным, что «Причина относительной одновременности событий» и такое представление одновременности событий вытекает из конечности скорости света. Первую оценку скорости света дал Олаф Ремер в 1676 году. Это более 200 лет до появления ТО.

Следует напомнить, что все определяющие положения (гипотезы или аксиомы) ТО введены до математических моделей. Математические модели базируются на них и позволяют оперировать с предложениями аксиом, которые подтверждены рассуждениями. Однако, когда хочешь обсудить некоторую аксиому со специалистом, то он оперирует только математическими моделями. Невозможно обсуждать с ним исходные аксиомы и рассуждения, проведенные в их подтверждение.

Вместо обсуждения, профессор дал мне огромный список литературы. Там я встретил следующее. «В двух весьма удаленных друг от друга местах А и В нашего железнодорожного полотна в рельсы ударила молния. Кроме того, я утверждаю, что оба эти удара произошли одновременно. Если теперь я спрошу тебя, читатель, имеет ли какой-либо смысл это последнее утверждение, то ты уверенно ответишь мне: «Да».»

Вопрос серьезный, а приведенная цитата взята не из оригинала, а из переведенной книги. В этой связи я повторю цитату, но из издания, которое редактировал А. Эйнштейн. (p. 25, А.

Ilya Kogan

Einstein, "Relativity, The Special and the General Theory", Three River Press New York, 1961). «Lightning has struck the rails on our railway embankment at two places A and B far distant from each other. I make the additional assertion that these two lightning flashes occurred simultaneously. If I ask you whether there is sense in this statement, you will answer my question with a decided "Yes."»

 Я утверждал, что ответ «Да» не может быть дан. Утверждение требует дополнительных условий. В упомянутой работе А. Эйнштейном рассматривается ситуация, когда по краям вагона происходят вспышки молний (световые импульсы). В центре вагона сидит наблюдатель. Далее написано: «Если наблюдатель воспринимает обе молнии одновременно, то они произошли одновременно» (стр. 541). В книге А. Einstein "Relativity The Special and General Theory" Three River Press New York, 1961, которую А. Эйнштейн редактировал лично на странице 26 написано, "If the observer perceives the two flashes of lightings at the same time, then they are simultaneous.".

 То есть не наблюдателю кажется, а в действительности обе молнии произошли одновременно. После этого утверждения проводятся рассуждения в подтверждение справедливости высказывания.

Фактически доказывается следующее, что согласно условиям, А. Эйнштейна,

- если наблюдатель увидел обе вспышки одновременно,
- если вспышки произошли в одно и то же время, то есть одновременно,
- если расстояние до обоих вспышек одинаково (наблюдатель находится посередине),

Тогда импульсы одновременны.

Есть кто-либо могущий возразить?

А. Эйнштейн делает оговорку, что это верно, пока не будет доказано противное. Последнее верно для любых аксиом.

Получение двух одновременных вспышек мне показалось проблематичным. А. Эйнштейн не поясняет как это сделать. Одновременно именно они (эти две одновременные вспышки) позволяют рассуждать об относительности одновременности событий. Я заменил две вспышки одной. Позднее я обнаружил, что так же поступил Л. Ландау. Однако при этом им введено новое противоречие.

Введенное Эйнштейном определение одновременности базируется на одновременности двух импульсов. Одновременность этих импульсов не имело определения, которое дано позже.

В физике, как в геометрии, желательно четко сформулировать аксиомы (положения или факты), на которых базируется излагаемая теория. Если будет найдено экспериментальное опровержение некоторой аксиомы, то это может привести к изменению (краху) теории.

3.3. О ПРОСТРАНСТВЕ

Из законов сохранения следует, что Вселенная бесконечна в существующем вечно пространстве. Вопрос управления и обмена информацией авторами не рассматривается. По-видимому, это один из основных вопросов в данном случае. Вспомним, «Anything that is not forbidden is mandatory!» T. H. White. То есть, все, что не запрещено обязательно сбудется.

3.4. ПРОСТРАНСТВА

3.4.1. ПРИВЫЧНОЕ ПРОСТРАНСТВО

Опыт и здравый смысл говорят, что пространство имеет три измерения. Великие умы анализировали этот вопрос. Основываясь на здравом смысле, они приходили к выводу, что пространство имеет три измерения. Однако, абстрактное мышление допускает иное.

Есть приёмы (изометрия) наглядного изображения на плоскости объёмных фигур. Под изометрией здесь понимается аксонометрическая проекция тела на плоскость, позволяющая представить тело как объект с большим числом, измерений чем плоский лист, на котором изображено тело. Например, трехмерный или четырехмерный куб.

Когда говорят о пространстве, то подразумевают трёхмерное пространство с телами в нем. Тело предполагается имеющим объем и массу. В пространстве действуют силы тяготения.

Под геометрической фигурой будет пониматься то, что можно изобразить или смоделировать в пространстве (трехмерном). При этом изображение или модель не соответствуют обсуждаемой фигуре. Например, геометрическая линия (ее модель или рисунок) имеет толщину. Видимая точка, строго говоря, является физическим телом. Не важно это краска, ее изображающая, или световой луч.

Можно говорить о плоскости или другой двумерной поверхности. Линии или точки двигаясь по ней не сталкиваются при произвольном перемещении. По этой причине наглядные примеры, в которых объясняется трёхмерный мир на примере двумерных поверхностей неправомочны. Однако, они полезны, благодаря своей наглядности. Особенно часто обсуждается поведение жителей листа Мебиуса. Если этот житель является физическим телом, то он немедленно обнаружит истинное положение вещей.

Подчеркиваю, что в ноль мерном, одномерном и двумерном пространствах физические тела не существуют и существовать не могут, нет объема.

В трехмерном пространстве (Fig. 1) могут существовать физические тела и могут рассматриваться трехмерные геометрические фигуры. Например, железный куб или часть пространства такой же формы и размера.

Однако, многое принципиально меняется. Геометрические фигуры могут, как и при меньшем числе измерений проходить в трёхмерном пространстве друг сквозь друга. Можно ввести условия, запрещающие это. Но это уже не геометрия, а физика и (частично) физическая модель.

В физическом мире это (например, прохождение одного тела сквозь другое без взаимодействия) невозможно, если не ввести особые (фантастические) возможности. Кое-кто (например, йоги) проходит сквозь стены. Не уточняется есть ли движение молекул стены в подобных явлениях.

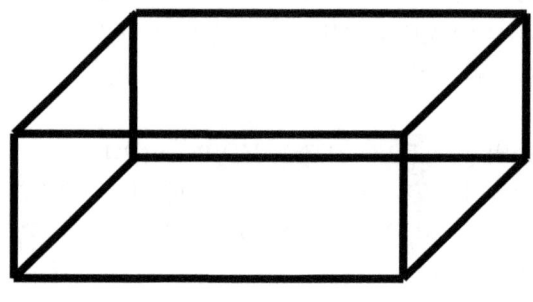

Fig. 1

Предыдущим я хотел подчеркнуть, что если в пространстве (трехмерном) сталкиваются два физических тела, то обязательно происходит их взаимодействие. Они могут отталкиваться, смешиваться, разбиваться и прочее.

Соотношение геометрии и физики здесь аналогично и встречается в других разделах науки. Примером может служить теория информации. Однако, там путаницы введено больше.

Для трехмерного пространства появляются новые свойства фигур, например, объем. Для любой, рассматриваемой нами модели можно ввести куб, охватывающий пространство наших моделей. Можно принять одну из его вершин за начало координат и считать все пространство внутри куба однородным. Принять постоянной единицу длины для всех трёх осей координат. Теперь любая точка фигур внутри куба будет иметь свою координату.

Появляется понятие пересечения фигур, и они могут занимать один и тот же объем. Подчеркну, что раньше этого быть не могло. Линии и плоскости не имели толщины. Это в нашем абстрактном мышлении было несколько фигур в одном месте.

Для геометрических фигур это не проблема. Однако, для реального пространства с физическими телами положение меняется. Требуется определить законы, действующие при столкновении тел. Тела могут воздействовать друг на друга, не соприкасаясь. Например, благодаря гравитации.

3.4.2. ЧЕТВЕРТОЕ ИЗМЕРЕНИЕ

Приемы изометрии позволяют изобразить на плоскости тела с большим числом измерений чем два или три. Примером может служить четырехмерный куб. Его изображение помещено на Fig. 2. Впервые я увидел это «чудо» в 1945 году. Его нарисовал, как загадку, учитель черчения нашей группы модельщиков.

Трёхмерный куб, по его изометрическому рисунку, может быть изготовлен в трёхмерном пространстве. Может ли быть изготовлено четырехмерное тело в трехмерном пространстве? Этот вопрос вызвал много споров в нашей группе модельщиков. Ведь пока у нас другого пространства нет. Возможно ли существование пространства с более чем с тремя измерениями?

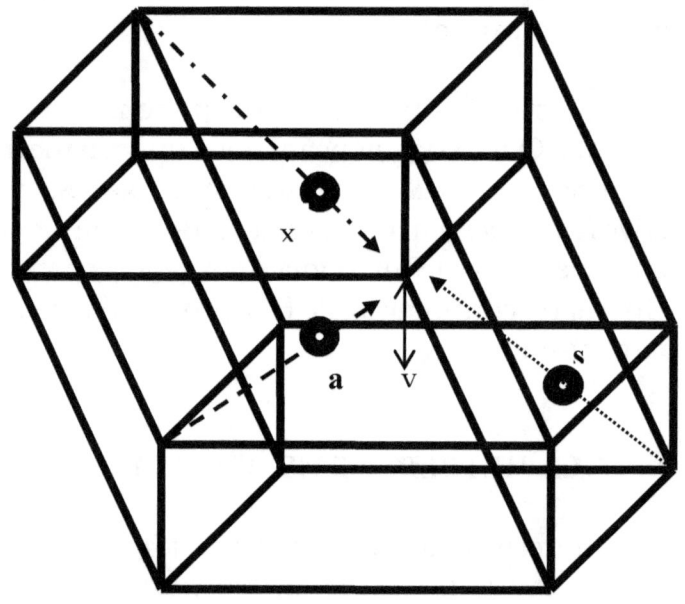

Fig. 2

Подчеркиваю, не математическая функция (то есть фикция?), которая описывает пространство с различными параметрами, которые изменяются с изменением координат пространства и, возможно, независимо от этих координат.

Отдельный вопрос, о введении новых переменных в уравнения. Например, имеется функция трех переменных, координаты X, Y, Z. Строится функция четырех переменных, например, зависимость скорости (или температуры) от координат X, Y, Z и плотности. Вводится множитель, который приводит новую переменную (плотность) к размерности длины. Теперь мы имеем зависимость скорости от четырех переменных и у всех переменных размерность пространства. Все переменные независимы. Однако, физическое пространство в котором рассматривается процесс осталось трехмерным.

Распространённым примером этого может служить введение времени с соответствующим множителем как новую (четвертую) координату пространства. Написал и представил высокомерные усмешки «специалистов».

Вернемся к Fig. 2. В четырёхмерном пространстве движутся массивные, большого размера шары. Все они движутся в сторону точки (вершины) **v** по траекториям указанным пунктирными стрелками.

Шары **s** и **x** движутся вдоль диагоналей кубов разных трехмерных подпространств. Шар **a** движется в неопределенном подпространстве. Приближаясь к точке **v**, еще не достигнув этой точки они пересекутся друг с другом.

Можно написать, что они находятся в различных вселенных Мультивселе́нной и забыть даже о математической абстракции. Как говорят «бумага стерпит». Тем не менее какая-то гипотеза нужна. Введение четвертой координаты, например, времени или температуры не дает даже намека на решение проблемы.

Рисунок (Fig. 2) приведен для наглядности. Фактически, если существует четырехмерное пространство, то каждый шар, как и любое тело одновременно находятся в нескольких трехмерных подпространствах. Рисунок это показывает более наглядно, когда шары приближаются к некоторой вершине.

Безусловно все существует в пространстве и в нем есть система координат. Аналогично, все существует во времени и можно добавить четвертую координату. Всегда есть и температура, то есть можно добавить пятую координату. Это можно продолжать.

Почему именно переменная «время» приведена к размерности длины. Можно ввести множитель, приводящий температуру к размерности длины. Можно ввести множитель, приводящий время к размерности температуры. Не очень удобно, но допустимо. По-видимому, можно полагать, что температура, плотность и так далее вездесущи, как пространство и время.

Написанное выше позволяет утверждать, что существующее пространство может быть описано тремя измерениями декартовой системы координат. Добавление дополнительной координаты пространства невозможно. Именно координаты пространства, а не переменной другой физической природы искусственно преобразованной к размерности пространства. Такое преобразование не изменяет физическую природу введенной в уравнения переменной.

Автор не утверждает, что отсутствие четырехмерного пространства доказано. Однако, проведенные рассуждения не менее убедительны, чем утверждения сторонников существования четырехмерного или одиннадцати-мерного пространств.

Все примеры и функции с большим числом пространственных координат являются удобными математическими абстракциями. Совпадение результатов, вычисленных благодаря этим моделям ни в коей мере не подтверждают того, что они точно отражают физику явлений природы.

Здесь уместно напомнить, что как сказал Max Planck, the observations we make do not form the physical world they only bring us messages from another world, which lays behind them and which is independent of them.

Видимо, наличие четвертого измерения пространства (именно пространства), может быть проверено (и доказано) только экспериментально.

Ilya Kogan

4. МОДЕЛЬ ВСЕЛЕННОЙ

4.1. БАЗОВЫЕ ПОЛОЖЕНИЯ

В основу этой главы положены книги *Ilya Kogan "THE FOURTH DIMENSION"*, *Ilya Kogan "QUANTUM COMPUTER is an illusory MIRACLE"*, и *Ilya Kogan "The NATURE"*.

4.2. ЗАКОНЫ СОХРАНЕНИЯ

4.2.1. МИР БЕЗ ЗАКОНОВ СОХРАНЕНИЯ

Если отсутствуют законы сохранения возможно следующее.

1. Что угодно может быть создано из ничего и мгновенно.

2. Что угодно может быть уничтожено, то есть исчезнет без следа и мгновенно.

3. В любой точке пространства может находиться ЧТО-ТО способное на 1. и 2. То есть в

природе допустимы мгновенные процессы с материальными (энергетическими) телами.

Следствием из этого становится возможным все описанное в волшебных сказках и разного рода чудесах. На этом основаны и «серьезные» работы физиков, как например, мгновенное проявление результатов эксперимента под воздействием сознания; бесконечные струны в одиннадцатом измерении; путешествие во времени; и тому подобное.

Любые из этих ЧТО-ТО могут в любой момент и независимо создавать в любом уголке Вселенной (и даже вне Вселенной) свой мир с произвольными причудливыми законами. Они могут создавать новые вселенные, которые возможно пересекаются. Впрочем, созданная ими вселенная, в которой мы существуем, может умещаться в безразмерной точке. Здесь фантазии не имеют предела.

4.2.2. ОСНОВНЫЕ ТРЕБОВАНИЯ ЗАКОНОВ СОХРАНЕНИЯ

1. Ничто материальное (то есть энергия или материя) не может быть создано из безразмерной точки. Подчеркну, что имеется в виду не очень маленькая точка, а именно безразмерная точка.

2. Ничто материальное (то есть материя или энергия) не может исчезнуть, то есть превратиться в безразмерную точку.

Из 1 и 2 следует, что если существует пространство, в котором существует во времени материя (энергия), то это пространство существует вечно. То есть пространство бесконечно во всех его направлениях и время бесконечно в обоих направлениях. Любое начало должно быть инициировано в какой-то момент времени. Иначе оно никогда не наступит. Не имеет значения, как трактуется или понимается то, что предшествует началу, но это эквивалент времени.

3. Процессы во Вселенной не могут иметь бесконечную скорость. То есть материя или энергия не могут двигаться с бесконечной скоростью. В частности, свет должен иметь конечную скорость. Это следует из законов сохранения. Поскольку свет переносит энергию, то он обладает и массой. Это следует из законов сохранения.

4. Если свет имеет конечную скорость, то кажущаяся наблюдателям одновременность событий относительна. То есть относительность одновременности событий не связана с Теорией Относительности. Относительность одновременности событий — это следствие

законов сохранения. Здесь не рассматривается вопрос о приоритете. Здесь рассматривается существо проблемы.

5. Поведение гироскопа и маятника Фуко являются следствиями первого закона Ньютона. Фактически фиксируется плоскость перпендикулярная оси вращения. Из первого закона Ньютона следует возможность фиксации абсолютного направления в пространстве, но практически это легче делать с помощью гироскопа. При этом первый закон Ньютона является следствием законов сохранения. Без воздействия сил тело должно сохранять постоянную траекторию. В изотропном трехмерном пространстве это будет прямая линия. Снова подчеркну, что вопрос о приоритете не рассматривается. Как следствие не обсуждается гениальность работ (открытий) Ньютона.

6. Отказ от эфира не является отказом от среды для распространения света. Вакуум, а тем более вакуум с определенными свойствами, также является средой. Изменение этих свойств изменит скорость света (предельную и конечную) в вакууме. Этим можно объяснить расширение вселенной в начальный период со скоростью света, которая больше определяемой свойствами вакуума в нашем окружении. Это позволяет надеяться, что возможно построить аппараты со

скоростью движения превышающей скорость света в нашем вакууме.

7. В мире должны существовать причинно-следственные связи, и, в их последовательности, последовательность событий абсолютна.

Список следствий из законов сохранения может быть продолжен.

4.3. О ПРОСТРАНСТВЕ

Открытая модель Вселенной существует (по крайней мере будет существовать) вечно в пространстве и во времени. То есть, допускается, что существование времени в одном направлении бесконечно. В этом случае новая Вселенная, если она возникнет, видимо появится в уже существующем пространстве. Как пространство новой вселенной будет сосуществовать (взаимодействовать) с существующими пространством и временем не детализируется. Вопрос просто игнорируется.

4.4. О ВРЕМЕНИ

Аппроксимация обычно верна в некоторых пределах, вне которых результаты теряют точность и могут стать парадоксальными. Например, в модели (уравнении) время позволяет изменение знака. Следовательно, (будто) может течь в обратном направлении. То есть все процессы потекут вспять.

Из этого следует, что пусть, например, тысячи лет назад была битва. Тела погибших воинов съедены другими существами и разнесены по всему миру. Перегной стал пищей растений, которые съедены или сгнили. Ветер и реки разнесли их частицы по всему миру. Эти явления повторялись многократно. И вот все эти процессы текут в обратном направлении. Воины пятятся назад и молодеют.

На возможности этого настаивали крупные физики. При этом ими игнорировалось, что такой ход вещей требует, например, абсолютной детерминированности мира. Может ли в этом случае существовать, например, «кот Шредингера»?

4.5. ОБ ИНФОРМАЦИИ

В абстрактной Теории Информации информация изучается как абстрактное понятие, в основу которого положена единица информации – бит. Бит имеет два возможных значения, например, ДА и НЕТ. В природе эти значения представляются (закодированы) какими-то физическими величинами. Напоминаю, что некое нематериальное, всесильное, всемогущее, всезнающее и всевидящее существо в настоящей работе не предполагается.

Например, ДА может быть представлено пирамидой Хеопса или некоторым значением напряжения. НЕТ может быть закодировано горой Эверест или другим значением напряжения. Создатель (инженер) системы передачи информации выбирает удобный для него вариант. Без такого выбора система передачи информации не может быть создана. Сама передача информации невозможна без существования материального (или энергетического) носителя информации.

То есть при передаче сообщений пересылаются последовательности ДА и НЕТ. Это могут быть последовательности пирамид Хеопса и гор Эверест. Это могут быть последовательности импульсов. Решает инженер – конструктор.

Расчеты и законы работы системы передачи информации, проведенные по правилам абстрактной теории информации одинаковы, независимо от носителя, выбранного конструктором. Здесь безразлично это пирамида Хеопса или длина волны кванта света. Очевидно, что технология реализации систем будет существенно отличаться.

Существенным является то, что информация (то есть ее носители) взаимодействует с материальными телами. Следовательно, согласно законам сохранения, в системе она материальна и имеет конечную скорость распространения. Это не имеет никакого отношения к цене или значению информации. Это не рассматривается теорией информации; это область теории игр. Как много раз в 1960 – 70 годы мне приходилось (без особого успеха) доказывать это в дискуссиях на конференциях (и международных).

Следует отметить, что понимание информации, как множества физических явлений, которыми закодированы некоторые явления или процессы, не согласуется с возможностью одновременного существования в регистре квантового компьютера всех возможных значений одновременно. Это не согласуется и с точкой зрения, что в микромире одновременно существуют все возможности, следующие из вероятностного описания процесса.

Сторонники точки зрения, что одновременно существуют все вероятные возможности, должны различать возможность такого явления и отражение этих явлений в двоичном информационном регистре. Когда я пишу это, я не указываю Богу, что он должен делать. Всемогущий, всезнающий и всевидящий может все. Но я сомневаюсь, что он будет исполнять любое мое желание. Мне захотелось играться с квантовым компьютером, и Всевышний к моим услугам. Он готов исполнять любое мое желание. Кому-то захотелось повторить опыт с котом Шредингера и к его услугам новые вселенные.

При изложенном понимании информации неизбежен, при обмене информацией, обмен энергией или материей. Следовательно, подобные процессы имеют конечную скорость, по-видимому это скорость света в вакууме. Она будет ниже, если для кодирования ДА выбрана пирамида Хеопса.

В случае, например, квантового компьютера требуемые скорости не в разы больше. Может быть необходима скорость 2 в степени 500 (или 1000, или 1000000) раз больше скорости света.

4.6. МОДЕЛЬ ВСЕЛЕННОЙ

4.6.1. ВВЕДЕНИЕ

Существуют теории для объяснения различных феноменов. Например, для путешествий во времени рассматривается существование множества (бесконечного?) одновременно существующих синхронизованных вселенных. Авторы не рассматривают проблему синхронизации.

Замкнутая модель предполагает, что Вселенная периодически расширяется и сжимается. Однако сжатие оканчивается геометрической точкой с исчезновением пространства и времени. Где, почему и когда начнется новый период эволюции вселенной? Вопрос остается открытым.

В работе предполагается вариант модели Вселенной, для которой:

Существует бесконечное трехмерное Евклидово пространство. Оно будет называться абсолютным пространством. Пространство изоморфно и в нем нет предпочтительных точек. Невозможно отметить некоторую точку в пространстве. Подчеркну, что из этого не следует, что невозможно измерить абсолютную скорость.

Существует абсолютное время, которое не имеет начала и конца.

В абсолютном пространстве случайным образом распределены материя и (или) энергия.

Все упомянутое существовало, и будет существовать вечно и независимо от какого-либо наблюдателя или сознания.

Эти положения следуют из законов сохранения. Если нельзя создать что-то из ничего, то оно существовало вечно. Аналогично, если нельзя что-то превратить в ничего, то оно будет существовать вечно. Материя находится в постоянном движении, например, под действием сил тяготения, светового давления, взрывов и т.п. Чем больше материи в некотором месте, тем большее притяжение, собирающее дополнительную материю в это место. В результате образуется огромная черная дыра. Давление достигнет критической точки и Большой Взрыв (БВ) образует новую локальную вселенную (**в** вместо **В**). Такая локальная вселенная называется «Вселенной» в существующих моделях. Реальный процесс может пройти через период колебаний с мощным электромагнитным излучением. Но со временем произойдет БВ.

В зависимости от силы БВ, возникнет закрытая или открытая вселенная. Открытая вселенная может превратиться в закрытую, если из окружающего пространства добавится материя. Это может случиться и с закрытой вселенной, если соседние вселенные притянут к себе часть ее материи. В нашей вселенной есть галактики с голубым смещением. Можно предположить, что они пришли в нашу вселенную из окружающего пространства. То есть из соседних вселенных.

«Хорошо известно», что Вселенная не может быть бесконечной, поскольку в этом случае, например, небосвод будет иметь бесконечную яркость. Почему бы не предположить, что достаточно толстый участок пространства становится непрозрачным, что на пути света или метеоритов существует плотный экран из материи, который их остановит. Бесконечный ряд может иметь конечную сумму. Для средней светимости во Вселенной это применимо, если плотность будет больше некоторого лимита, или расстояния между вселенными будут больше некоторой величины. Или, если имеется затухание в пространстве, например, благодаря межзвездной материи.

4.6.2. СТРУКТУРА МОДЕЛИ

В рассматриваемой модели Большой Взрыв (БВ) похож на обычный взрыв в центре шара. Материя разлетается в разные стороны в существующем до взрыва пространстве. Начальная скорость слоев, расположенных ближе к поверхности шара больше. Таким образом, видимая вселенная кажется расширяющейся. Объекты, более удаленные имеют большее красное смещение. В дальнейшем скорость движения замедляется под действием гравитационных сил. Скорости разбегания галактик и красное смещение со временем уменьшаются.

Окажется локальная вселенная замкнутой или открытой зависит от плотности материи и начальных скоростей. На это могут повлиять силы тяготения других локальных вселенных и попадание в пространство внешней материи.

Сказанное можно подытожить следующим образом. Наблюдаемое расширение вселенной является движением от центра БВ в существующем пространстве. Это не растягивание пространства, созданного БВ.

Наблюдения показывают увеличение скоростей (красного смещения) с расстоянием. Это соответствует для наиболее удаленных тел, их состоянию 10 млрд. лет назад. При такой интерпретации не возникает вопросов об увеличении со временем расстояний в солнечной системе или внутри атома. Некоторые авторы утверждают, что движение не в чистом вакууме приведет к торможению небесных тел рассеянной межзвездной материей. В принципе это верно.

Произведем оценку допустимой плотности межзвездной материи. Земля движется вместе с Солнцем со скоростью 220 км/сек или 2×10^5 м/с. Скорость света 3×10^8 м/с. За 10 млрд. лет Земля проходит 10^7 сл (*световых лет*), или 10^{23} м. *Все расчеты проводятся с точностью до одного десятичного порядка.* Площадь сечения Земли 10^{14} кв. м. Приняв вес Земли 10^{25} кг, получим 10^{11} кг на кв. м сечения. Пусть Земля за время своего существования (10 млрд. лет) теряет 10^{-8} своей скорости в результате торможения межзвездной материей, т.е. она встречает на каждый кв.м. 100000 кг материи. Для цилиндра длиной в 10 млрд. сл средняя плотность будет $100000 / 10^{23}$ = 10^{-18} кг/м³.

Для более крупных небесных тел торможение будет значительно меньше. Ошибка на несколько порядков не изменит результат – **явлением торможения в результате встречи с межзвездной материей можно пренебречь при определении скоростей небесных тел. Одновременно, вполне допустимы (возможны) плотности межзвездной материи, делающие пространство толщиной в млрд. сл непрозрачным.** Отмечу, что торможение может оказаться значительным для межзвездных кораблей.

Рассмотрим влияние расширения вселенной в общепринятом смысле. То есть в предположении, что растягивается пространство, а не разлетаются в разные стороны от центра взрыва куски материи в существующем пространстве. В этом случае должны увеличиваться со временем все расстояния. Например, радиусы орбит планет или орбит электронов в атомах. Коэффициент Хаббла равен 50 км/с / Мпарсек = 50 км/с / 3×10^{22} м =1.7 м/с / 10^{18} м.

Ilya Kogan

Для Земли с радиусом орбиты 1.5 x 10^{11} м мы получим 10^{-7} м/с. За млрд. лет это 100 м. Вполне измеряемая величина. **Выводы из подобных измерений могут служить доводом против гипотезы принятого варианта расширения (растягивания) пространства.**

4.6.3. СВЕТИМОСТЬ НЕБОСВОДА

4.6.3.1. МОДЕЛЬ

Рассмотрим следующую геометрическую модель вселенной. В центре наша вселенная. Затем слои (пустого) пространства толщиной 3000 млрд. сл. Последняя цифра имеет следующее обоснование. При радиусе 15 млрд. сл объем вселенной равен 10^{31} куб. сл. Объем на одну галактику примерно 10^{31} / 10^{11} = 10^{20} куб. сл. Наша галактика имеет форму диска диаметром 100 000 сл. Объем шара равен 10^{15} куб. сл, но она имеет форму диска и ее объем меньше 0.1 объема шара, то есть 10^{14} куб. сл. Отношение радиуса пространства на галактику к радиусу галактики от 100 до 1000.

Принята цифра 200, 15 млрд. сл x 200 = 3000 млрд. сл.

На поверхности первого слоя с радиусом R1 = 3000 млрд. сл поместится от 15 до 20 вселенных. Примем 20. Площадь поверхности слоя будет S1 =

10^{26} кв. сл. В слое **n** их будет **n**^{2} x 20. Одновременно **Rn = R1 x n**. То есть, количество вселенных возрастает и пропорционально убывает яркость. Следовательно, суммарная яркость каждого слоя одинакова. Учитывая, что угловые размеры уменьшаются с удалением, каждый слой экранирует одинаковый участок поверхности сферы первого слоя.

В случае если все излучение доходит до нашей вселенной, то при бесконечной вселенной мы получим бесконечную яркость. Это абсурд, поскольку в любой точке пространства будет бесконечная плотность энергии и материи.

Примем радиус вселенной 15 млрд. сл, тогда площадь ее сечения равна 10^3 кв. млрд. сл. Для 20 вселенных первого слоя 2 x 10^4 млрд. кв. сл. или 10^{22} кв. сл. Следовательно, вселенные первого слоя экранируют примерно 10^{-4} поверхности небосвода. Для надежного, примерно десятикратного экранирования потребуется 10^5 слоев. Следовательно, суммарная дополнительная светимость небосвода будет равна 10^5 вселенных первого слоя.

4.6.3.2. СВЕТИМОСТЬ СЛОЯ И ДОПОЛНИТЕЛЬНАЯ СВЕТИМОСТЬ НЕБОСВОДА

Подавляющее большинство галактик имеют светимость меньше 24 величины или 10^{-10} светимости звезды первой величины. Из соседней вселенной они будут видны в 200^2 или в 10^4 раз слабее. Во вселенной 10^{11} галактик и их суммарная светимость равна 10^{-3} звезды первой величины. Поскольку в слое 20 вселенных, то суммарная светимость слоя равна светимости звезды менее 5-й величины.

Суммарный свет 10^5 слоев внутри экрана добавит яркости как от 10^5 звезд 5-й величины. Очевидно, что ошибка на несколько порядков принципиально не повлияет на вывод: **бесконечная вселенная практически не влияет на яркость небосвода.**

4.6.3.3. ПОГЛОЩЕНИЕ МЕЖЗВЕЗДНОЙ МАТЕРИЕЙ

Выше не учитывалось поглощение межзвездной материей. Поскольку Вселенная существует бесконечно долго, то межзвездная пыль рассеяна по всему пространству. Для поглощения половины излучения на 3000 млрд. сл достаточно поглощения примерно 0.0001 на млрд. сл. Выше, при определении торможения небесных тел было показано, что это совершенно незначительная и вполне допустимая плотность межзвездной материи.

В этом случае суммарное излучение бесконечного ряда слоев будет (как сумма геометрической прогрессии) равна всего двум слоям, т.е. суммарная яркость бесконечной вселенной добавит светимость двух звезд 5-й величины. Рассмотренное выше экранирование может лишь уменьшить эту светимость.

Предполагается, что цикл развития вселенной между БВ примерно 10^{11} лет. Очевидно, что через четверть этого срока светимость галактик существенно снижается. Это дополнительно может снизить дополнительную светимость небосвода.

4.6.4. ЯРКОСТЬ БОЛЬШИХ ВЗРЫВОВ

Раз, примерно, в 10^{11} лет локальная вселенная переживает БВ. В первом слое это случается раз в 5×10^9 лет. Во втором слое раз в 1.25×10^9 лет, в третьем раз в 0.31×10^9 лет и т.д. Яркость этого явления может быть значительно выше светимости вселенной через млрд. лет после БВ, т.е. когда вселенная остынет и ее излучение уменьшится. По-видимому, явление БВ связано с неизвестным явлением, когда при превышении некоторого порога плотности происходит преобразование вещества. Возможно вся материя превращается в энергию. В результате внутреннее давление превышает гравитационное и происходит взрыв с разлетом материи и мощным излучением. Это явление называют БВ.

Согласно существующим теориям в начальный период после БВ вселенная расширяется со скоростью большей скорости света в современном вакууме. Впрочем, этот факт противоречит ограничению на скорость и замалчивается. Тем не менее, видимо, это возможно.

Опыт Физо может не свидетельствовать в пользу теории относительности, как утверждает Эйнштейн. Отвергнув слово эфир, и заменив его словом вакуум с определенными свойствами, было отвергнуто и существование эфирного ветра. Почему же «водяной ветер» в опыте Физо допускается.

Свет распространяется в вакууме, свойства которого изменяются в присутствии воды. Такая точка зрения позволяет объяснить возможность расширения вселенной на ранней стадии со скоростью выше скорости света в современном вакууме.

В высокотемпературной плазме при огромном давлении свойства вакуума (например, диэлектрическая и магнитная проницаемости) могут быть другими. Если скорость света будет в десять миллионов раз больше теперешней, то движение со скоростью равной тысяче теперешних скоростей света вполне нормально. В рассмотренном случае излучение быстро расширяющейся вселенной будет ослаблено поглощением излученного света материей, которая перегоняет свет. Как только свет окажется за пределами пространства огромных температур и давлений, его скорость уменьшится, и он частично окажется в пределах движущейся от центра материи. Это уменьшит яркость БВ.

Этот процесс может значительно снизить силу (яркость) излучения ВВ.

4.6.5. О ЧЕРНОЙ МАТЕРИИ И (ИЛИ) ЧЕРНОЙ ЭНЕРГИИ

В настоящем разделе обосновывается гипотеза, что явление, которое называется черной материей и (или) черной энергией представляет собой реликтовое и другое излучение. При этом предполагается, что:

1. Излучение равномерно рассеяно в пространстве со средней плотностью 500 квантов на кубический сантиметр.
2. Электромагнитная энергия обладает гравитационным полем, соответствующим его массе покоя. Например, Stephen Hawking рассматривал возможность существования черных

дыр из электромагнитной энергии, что подтверждает правомочность такого подхода.

3. Гравитационная масса кванта электромагнитной энергии равна массе электрона. Это следует из преобразования электрон плюс позитрон в два кванта электромагнитной энергии. Как происходит такое преобразование, в данном случае не имеет значения, если соблюдаются законы сохранения. Ни энергия, ни масса не могут исчезнуть или появиться из ничего. **Например, элементарные частицы, это миниатюрные устойчивые энергетические черные дыры, в которых сконцентрирована энергия электромагнитных квантов.** Видимо имеется ряд таких устойчивых состояний, соответствующих элементарным частицам.

Все расчеты производятся округлено с точностью до порядка. Это не повлияет на качественную картину.

Исходные данные:
Масса электрона 10^{-27} г.
Масса солнца равна массе солнечной системы 2×10^{33} г.
Радиус солнечной системы (орбита Нептуна) 4×10^{14} см.
Объем солнечной системы 3×10^{44} куб.см.
Средняя плотность солнечной системы 0.7×10^{-11} г на куб.см.

Масса средней галактики (10^{10} звезд) равна 10^{43} г.

Радиус средней галактики 10^{22} см.

Объем средней галактики 10^{66} куб.см.

Средняя плотность галактики 10^{-23} г на куб.см.

Масса средней локальной вселенной (10^{12} галактик) равна 10^{55} г.

Радиус средней локальной вселенной 10^{28} см.

Объем средней локальной вселенной 10^{84} куб.см.

Средняя плотность локальной вселенной 10^{-29} г на куб.см.

Радиус средней локальной вселенной с прилегающим (пустым) пространством 10^{31} см.

Объем локальной вселенной с прилегающим пространством 10^{93} куб.см.

Средняя плотность массы в пространстве 10^{-38} г на куб.см.

Средняя плотность излучения 5×10^{-25} г на куб.см.

Из приведенных величин следует:

В масштабах солнечной системы плотность массы звезд превосходит плотность излучения в 10^{13} раз. Следовательно, влияние черной материи и (или) энергии столь незначительно, что им можно пренебречь.

Ilya Kogan

В масштабах галактики плотность массы звезд превосходит плотность излучения примерно в 20 раз. Следовательно, влияние черной материи и (или) энергии следует учитывать при точных расчетах.

В масштабах локальной вселенной плотность массы излучения превосходит среднюю плотность массы звезд в 10^5 раз. Следовательно, влияние черной материи и (или) энергии является доминирующим.

Для космического пространства плотность массы излучения превосходит среднюю плотность массы звезд в 10^{14} раз. Следовательно, влияние черной материи и (или) энергии является доминирующим и влиянием массы звезд и планет можно пренебречь.

5. ЭВОЛЮЦИЯ, МОЗГ

5.1. ВСТУПЛЕНИЕ

Глава написана на основе книг, *Ilya Kogan "HOW THE BRAIN WORKS (second edition)"* и *Ilya Kogan "SINGULARITY, WHERE IS IT? (Second edition)"*.

В ней рассмотрены вопросы развития разумных систем. То есть систем, способных к целенаправленному действию. Примерами могут служить человеческий мозг, или искусственный интеллект.

Первоначально напоминаются пути исследования и эволюции от зарождения живой клетки до самообучающегося мозга человека. Далее рассмотрены возможности сингулярности.

Ilya Kogan

5.2. ЛАБОРАТОРИЯ АНАЛИЗА ЭВОЛЮЦИОННОГО РАЗВИТИЯ

Для проведения умозрительных экспериментов по анализу эволюционного развития организмов создается специальная Лабораторию Анализа Эволюционного Развития (LAD). В задачи этой лаборатории входит разработка и анализ необходимых элементарных шагов для превращения одного организма в некоторый другой, отличный от него организм.

Во многих книгах можно встретить эволюционный процесс в картинках, как последовательность рисунков от четвероногого животного до человека. Несмотря на наглядность такого представления, оно не отвечает на многие вопросы.

В задачи лаборатории входит подробное, пошаговое исследование эволюции некоторого организма и превращения его в другой, более высокоорганизованный организм. Путь эволюции разбивается на последовательность мелких шагов, которые отвечают заданным условиям. Например,

- Очередной шаг, отличающий организм от предшественника, может быть получен в результате простой мутации.

- Новый организм отличается от предшественника переданной информацией, которая получена в результате приобретенных качеств. При этом анализируется возможность накопления подобной информации. Подчеркну, что в данном случае передается измененная наследственная информация, в которую внесены элементы приобретенного опыта. То есть это не следствие мутаций.

- Анализируется жизнеспособность измененного организма, то есть жизнеспособность потомства для каждого шага.

- Анализируется и выделяется часть накопленной информации, которую целесообразно передать по наследству. Рассматриваются возможные механизмы выделения существенной информации и механизмы включения ее в наследственную информацию.

Таким образом, LAD строит допустимую и возможную эволюционную цепочку от, например, одноклеточных организмов до заданного организма. При этом желательно чтобы цепочка проходила через известные организмы. Желательно, чтобы промежуточные организмы цепочки были близки к известным. Ведь в действительности эволюционная цепочка является среднестатистической последовательностью.

Наблюдения Дарвина описывают, как в изолированной среде одни виды замещают другие. Это вполне допустимо осуществить и объяснить накоплением опыта. Однако этот опыт накапливается многими поколениями. То есть без механизма передачи в наследственной информации, приобретенных в результате жизни качеств, невозможно, по крайней мере, трудно, представить то, что наблюдал и описал Дарвин.

Следует отметить, что передаваемая по наследству информация, приобретенная опытом, играет существенную роль и ее объем может быть значительным. Например, кроме строения тела, у бобров передается по наследству умение строить плотину и поддерживать необходимый уровень воды. Строить необычное жилище с выходом под водой и достаточно прочное. Ведь хищники знают, что за стеной есть пища, но не могут до нее добраться. И еще много другой информации, связанной с поведением, а не с биологическим строением.

В этой связи интересно сопоставить информацию, относящуюся к биологическому строению организма с информацией по передаче безусловных рефлексов. То есть определить их соотношение в зародышевой клетке.

В процессе развития организма его зародыш проходит через предшествующие эволюционные формы. Интересно, имеется ли в зародышевой клетке информация о безусловных рефлексах всех предшествовавших форм.

По изложенным причинам, в процессе создания эволюционной модели, LAD допускает передачу по наследству приобретенной информации. Следует подчеркнуть, что такое допущение существенно меняет и ускоряет процесс эволюции:

1. Приобретенная информация может изменять организм значительно больше, чем случайная мутация.

2. Приобретенная информация может быть результатом не только случайных, но и целенаправленных действий. То есть это более эффективный процесс эволюции, чем случайные мутации.

3. Мутации значительно чаще могут приводить к деградации, а не к развитию, чем приобретенные навыки.

Рассмотрим, как работает LAD. Пусть в начале цепочки эволюции находится одноклеточный микроорганизм, а в ее конце человек. Между началом и концом помещаются все известные организмы, являющиеся шагами эволюции от микроорганизма к человеку. Далее аналогично анализируются любые две соседние точки. При необходимости, вводятся дополнительные промежуточные организмы.

В задачи LAD входит, в частности, нахождение серии последовательных шагов, которые создадут механизм накопления, запоминания и передачи по наследству приобретенной информации.

5.3. ОТ АМЕБЫ ДО НЕОКОРТЕКСА

Подход, изложенный в предыдущем разделе, позволяет предположить, что различные процессы переработки информации в участках нервной системы имеют, в значительной степени, количественное отличие. То есть новые особенности организмов не появились скачком и таким образом, что они существенно отличаются в своем строении от своих предшественников.

Сначала можно проследить пошаговое развитие простейших (одноклеточных) организмов к организмам с организацией, включающей специализированную нервную систему. Здесь важно, чтобы каждая мутация, ведущая от амебы к человеку, не приводила к смертельному тупику. То есть, чтобы каждая промежуточная ступень была жизнеспособна и конкурентно способна.

В работе предполагается возможность построения цепочки, в которой соседние элементы незначительно отличаются и жизнеспособны. Развитие происходит от нервных систем, в память которых «зашит» тезаурус (ROM) о передаче реакции на раздражение мышцам. Затем появляется память с запоминаемым и изменяемым тезаурусом (RAM). Одни помнят образы своих врагов и пищи. Другие уже способны помнить математическое доказательство. Качественно это огромная разница. Вопрос в том, насколько принципиально отличается строение элементарных клеток неокортекса от клеток других разделов центральной нервной системы низших организмов. Насколько это качественное отличие определяется количеством аналогичных элементов в сравниваемых нервных системах.

Должна существовать цепочка элементарных шагов от нервной системы паука, к нервной системе собаки, которая водит автомобиль. Далее цепочка к нервной системе человека, где доказываются теоремы математической логики.

Специалисты нашли, что неокортекс содержит примерно полмиллиона почти одинаковых элементов (столбиков). В каждом столбике до шести слоев и порядка шестидесяти тысяч нейронов. Эти нейроны имеют контакты с другими столбиками и отделами мозга. Легко представить в такой системе появление новых однотипных столбиков и связей. Если развитие неокортекса продолжалось сто миллионов лет, то один столбик добавлялся за 200 лет. Эволюция не торопится.

Это могло происходить в результате естественных мутаций, а возможно эволюция построила механизм добавления новых столбиков. Это не проблема для LAD, разработать последовательность простых мутаций для появления подобного механизма. Работа такого органа близка к работе системы по передаче приобретенной информации по наследству и к механизму отращивания новых органов. Таким образом, это вполне естественные предположения. Выяснить их правильность достаточно легко. Посмертное вскрытие производится достаточно часто. Если становится тесно, то, в первую очередь изменяется не размер черепа, а поверхность неокортекса изгибается и появляются складки.

Эти тезисы многократно повторяются в работе. То есть читателю навязывается мысль, что формы организмов и процессы в его нервной системе должны быть не только целесообразными. Недостаточно предложить схему прекрасной работы неокортекса.

Необходимо, чтобы такая схема строения и работы могла быть получена в результате эволюции. То есть должен существовать путь мелких изменений, ведущих от амебы к человеку.

5.4. ОБ АЛГОРИТМЕ РАБОТЫ МОЗГА

Представим нервную систему как множество параллельных логических цепочек, структура близкая к неокортексу. Рассмотрим простейшие и вполне возможные мутации, которые, по-видимому, не ведут к прерыванию эволюции.

Мутация может произойти в виде увеличения числа цепочек. Это простейший процесс, однако, он ведет к увеличению логической мощности. В том числе и к увеличению объема памяти.

Мутация может произойти в виде «склеивания» цепочек». Это можно представить и как передачу сигнала аксоном в некоторую точку другой цепочки. Такой шаг существенно меняет логические возможности системы. В новой системе появляются добавочные пути и соответствующие им новые логические решения. Одно такое добавочное соединение может образовать десятки и тысячи новых путей. То есть мощность логических возможностей мозга повышается существенно.

Ilya Kogan

Описанные простейшие мутации позволяют предположить, что в мозгу имеется (управляющая) область, которая работает аналогично конечному автомату. Причем такая область может развиться в процессе мелких шагов эволюции. Новая информация добавляет новую цепочку. При минимизации она объединяется с существующей сетью и появляется множество новых путей. Это множество дополнительных путей тем больше, чем больше сеть, с которой происходит объединение.

Подобная структура может объяснить известное явление обучения. Человеку рассказывают правила некоторой незнакомой ему игры. Выслушав, он сразу начинает играть в эту игру и даже обыгрывает своего учителя. **Трудно объяснить это явление на основе нейронных сетей, генетических алгоритмов, или рекурсивных вычислений. LAD не сможет построить требуемый путь из мелких шагов на их принципах.**

Изложенное позволяет объяснить и сформулировать как теорему известный факт: **Более мудрый человек создает больше новых знаний из некоторой дополнительной порции информации.**

Много тысячелетий человечество использует этот принцип. Последнее можно выразить еще и следующим образом. Можно определить составляющие человеческого интеллекта (**H**) как:

1. Тезаурус (**T**)
2.1. Понимание (**U**)
2.2. Восприятие (**P**)
3.1. Способность аргументировать (**R**)
3.2. Рассудительность (**J**)
4.1. Интуиция (**I**)
4.2. Воображение (**M**)
4.3. Творчество (**C**)

Допустим, что возможно выразить эти составляющие количественно, и известна зависимость интеллекта от этих составляющих:

H = f (T, U, P, R, J, I, M, C) или **H = f (T, ...)**

Пусть имеются два интеллекта и обоим даны одни и те же некоторые дополнительные факты. Это можно выразить как увеличение их тезаурусов на одинаковую величину **dT**. Сформулированная выше теорема может быть выражена как:

Теорема. *При приращении тезаурусов двух интеллектов на постоянную величину, более мощный интеллект получает большее приращение. Если* $H_1(T, ...) > H_2(T, ...)$, $dH_1 = H_1(T + dT, ...) - H_1(T, ...)$, *и* $dH_2 = H_2(T + dT, ...) - H_2(T, ...)$, *тогда* $dH_1 > dH_2$.

Аналогичные выражения можно записать для случая изменения других компонент, определяющих интеллект. Эти компоненты могут быть увеличены в результате обучения или тренировки.

Были проведены научные работы, подтверждающие, что минимизация конечно автомата увеличивает его возможности.

5.5. ВЫВОДЫ

Выше уделено внимание эволюционному процессу, который приводит к появлению человека со способностью к абстрактному мышлению. Одновременно **эволюция не изощрена и не злонамеренна, она неизбежна.** Проявление эволюции Природы происходит постоянно. В соответствующих условиях появляется жизнь, затем разумная жизнь, которая заменяется технологическим обществом. **Если Вселенная вечна и бесконечна, то и жизнь в ней существует бесконечно давно.** Жизнь не обязательно зарождается из «неживой» природы, она может заноситься из других районов Вселенной с метеоритной пылью. Эта жизнь представлена одноклеточными организмами. Дальнейшее развитие происходит независимо от эволюции в других локальных вселенных или галактиках.

Итогом работы LAD будет наиболее вероятная структура индивидуума из разумного общества. В первую очередь это относится к нервной системе человека в земных условиях. Это основная тема LAD. Можно рассматривать развитие жизни в океане при отсутствии суши, или развитии жизни на спутнике Юпитера.

Создание анализаторов мозговых процессов или процессов чтения мыслей не требуют детального знания работы мозга. Процессы, разработанные как гипотезы работы мозга, могут быть весьма эффективными независимо от того насколько эти гипотезы совпадают с действительной целью и насколько они соответствуют действительной организации мозга.

В работе проводится идея, что структура эквивалентная конечному автомату должна быть существенной частью мозга. В первую очередь такими возможностями должен обладать неокортекс. **Одновременно подчеркивается, что структура эквивалентная конечному автомату, является наиболее вероятной структурой, которая может появиться в процессе эволюции.** Следует отметить, что не во всех случаях конечный автомат является наиболее эффективным средством обработки информации. Есть много более эффективных схем и алгоритмов, как нейронные сети, генетические алгоритмы, вероятностные методы (Монте-Карло), и много других.

Нашла ли эволюция наиболее совершенное устройство переработки информации, которое реализовано в человеческом мозге еще не ясно. Под совершенством здесь имеется в виду система, позволяющая получить наиболее высокий IQ. Если это так, то нам не грозит Сингулярность.

Что будет с нами, если IQ Сингулярности может значительно превосходить IQ человека? – Не знаю.

5.6. О СИНГУЛЯРНОСТИ

«Будущее всегда выглядит иначе, нежели мы способны его себе вообразить»
Станислав Лем

«Только, видите ли, ОН (вычислительная машина, созданная рассказчиком, И.К.) превосходил знанием все три миллиарда разумных существ на земле, и сама мысль о том, что ОН мог бы нам служить, была для НЕГО такой же бессмыслицей, каким для людей было бы предложение, чтоб мы нашими знаниями, всеми средствами техники, цивилизации, разумом, наукой поддерживали, допустим, угрей. Это не было, говорю вам, вопросом соперничества или вражды: мы просто не входили уже в расчет.

... ...
Что если мы станем ЕМУ противодействовать, ОН начнет относиться к нам так, как мы относимся к тем насекомым и животным, которые нам мешают. Мы ведь вовсе не ненавидим, ну, там, гусениц, комаров ...»
Станислав Лем, «Формула Лимфатера»

5.6.1. ПРОЛОГ

Сингулярность неотвратима и близка, утверждается в блестящей книге Раймонда Курцвейла "The Singularity is Near, When Humans Transcend Biology". Книга очень интересно описывает влияние компьютеров на человеческое общество. Трудно переоценить ее значение. Закон ускорения развития, изложенный Курцвейлом не вызывает сомнений в определенных пределах. Однако он может иметь ограничения. Одновременно, быстрое развитие Сингулярности несоизмеримо с мыслимым развитием человеческого организма.

Все больше внимания привлекает информационно-общественное понятие сингулярность. Подзаголовок книги "The Singularity is Near", «когда люди превзойдут биологию», не совсем точно отражает ситуацию. Возможно, будет правильнее сказать – когда технология останется без людей. Книга очень интересно излагает влияние вычислительных систем на развитие общества и с этой точки зрения ее трудно переоценить.

Будущее человечества и роль Искусственного Интеллекта (AI) или точнее Узкого AI (AIn) и его влияния на общество описаны в рассматриваемой книге блестяще. Что касается сильного или общего AI (AIg), то возникают сомнения:

- Возможен ли он. Например, работоспособно ли вычислительное устройство с производительностью 10^{80} овс (операций в секунду). Стальной трос имеет предельную длину. При ее увеличении он оборвется под своей тяжестью. Причин ограничения предельной вычислительной мощности есть много.

- Сочтет ли Сингулярность целесообразным единое «существо» или предпочтет сообщество равноправных Сингулярностей. С одной стороны, это может увеличить стабильность выживания. С другой, это может привести к ограничению числа его членов. Одновременно это повысит культурный уровень и интерес к жизни его членов. Я говорю о НИХ как о людях. Я не первый, прочтите С. Лемма «Существуете ли Вы Мистер Джонс?».

Так появится ли сингулярность? – Безусловно!

Сингулярность так же неизбежна, как появление высших биологических систем. Это неизбежное следствие эволюции. Будут ли люди членами этого общества будущего? Мне стало страшно, что сингулярность, этот неведомый Голлем, уже близко.

5.6.2. ЕЩЕ О СИНГУЛЯРНОСТИ

Под сингулярностью ниже будет пониматься состояние окружающей среды, в которой существует вычислительная система значительно превосходящая (более чем в 10^{20} раз) возможности всего человеческого общества. Одновременно скорость изменения окружающей среды значительно увеличится. Изменения, происходящие за одну секунду, возможно, значительно превысят все изменения за второе тысячелетие, то есть с 1000 по 2000 год. Интересно как это воспримет наш глаз, что он успеет увидеть? Мне кажется, что сингулярность это личность, то есть Сингулярность.

5.6.3. ОБ ИНФОРМАЦИОННОЙ ЭВОЛЮЦИИ ВСЕЛЕННОЙ

Дарвинизм не предполагает целенаправленную эволюцию. Как заметил А. Эйнштейн – Природа изощрена, но не злонамеренна.

Эволюция (самосовершенствование) разумной технологии происходит целенаправленно. Подобное развитие начинается с появлением живых существ, которым присущ интеллект и абстрактное мышление. Новые технологии появляются благодаря исследованиям, выявляющим потребности. Подготавливаются технические задания, проекты и ставятся эксперименты. К их созданию привлекаются наиболее квалифицированные специалисты и наиболее совершенные технологии, включая искусственный интеллект.

Когда машинный интеллект в некоторых специальных вопросах превысит возможности мозга, то ему будет это поручено. При появлении AIg он будет принимать решения по этим и другим жизненно важным (для кого?) вопросам. Рассмотренное относится к развитию и совершенствованию Сингулярности.

Ilya Kogan

5.6.4. ВОЗМОЖЕН ЛИ НЕОГРАНИЧЕННЫЙ РОСТ IQ СИСТЕМЫ?

Весьма серьезные авторы в своих работах явно или неявно предполагают, что интеллектуальная система может, и будет непрерывно наращивать свою производительность. Предел скорости вычислений и памяти определяется по количеству материи во Вселенной. При этом предполагается, что вся материя будет превращена в теоретически наиболее эффективные вычислительные устройства. Обобщение таких взглядов изложено в двух замечательных книгах Раймонда Курцвейла. Такой авторитетный мыслитель как Станислав Лем в некоторой мере предполагает такую возможность. Смотри, например, «Солярис» Лема.

Реальная скорость вычислений и развитие интеллекта вычислительной системы не пропорциональны ее вычислительной мощности и объему памяти. Имеется много теоретических и технологических ограничений на рост больших вычислительных систем. В результате этого мой компьютер с процессором три мегагерца и оперативной памятью шестнадцать гигабайт не работает пропорционально быстрее, чем мои прошлые несравненно менее мощные.

С ростом количества элементов неизбежно падает надежность системы и растет вероятность, как сбоев, так и постоянных отказов отдельных элементов. Напомню, что система должна работать миллионы и миллионы лет. Практика показывает, что и в человеческом мозгу нарушается нормальное функционирование. Это подтверждается, например, наличием психиатрии.

Что за чепуха, просто смешно! А как же работают миллионы компьютеров? – **Ни один компьютер не был протестирован полностью.**

По-видимому, «океан» Соляриса или вычислительная система размером с галактику будут неработоспособными. Машинная цивилизация будет тоже состоять из индивидуумов с ограниченными IQ. В силу различных проблем эти индивидуумы будут иметь разные IQ, характеры и … эмоции.

5.6.5. ОБЩЕСТВО БУДУЩЕГО

Принимая закон ускорения развития, нельзя отрицать, что в нашей Вселенной должны существовать значительно более развитые цивилизации на планетах, расположенных дальше от центра большого взрыва. Такие цивилизации, безусловно, существуют бесконечно давно, если Вселенная вечна и бесконечна. С. Лем, например, предполагает, что, достигая высоко уровня развития, цивилизация замыкается. В пользу этого говорит закон ускоренного развития. За время полета к другим галактикам (миллионы лет) за научными результатами (ведь не за железной рудой они полетят), на месте заведомо будут получены эти результаты. Ресурсы высокоразвитой цивилизации тратятся на поддержание жизнеспособности и выживания цивилизации при возможных катаклизмах.

Если принять что существует предел IQ отдельной вычислительной системы, то машинная цивилизация состоит из индивидуумов с технологически максимально возможными быстродействием и памятью. Однако эти индивидуумы будут обладать разными интересами, IQ и ... характерами. В таком обществе каждый его член обладает одинаковыми правами и обязанностями, то есть это общество не организовано строго иерархически как армия.

Интересен вопрос, возможна ли человеко-машинная цивилизация. Если IQ отдельной системы имеет предел и человеческий мозг близок к этому пределу, то коммуникационные вопросы уже почти решены и такое общество реально. Если же Сингулярность может развиваться, как описано в существующей литературе, то там человеку нет места. Точно так же как невозможно представить банкет, на котором рядом с людьми сидят улитки, которые общаются со своими соседями на равных.

5.6.6. КАК ЭТО ДОЛЖНО БЫТЬ
(желательно, чтобы было)

Мне кажется, что по пути к сингулярности следует ожидать непреодолимые препятствия, которые по разным причинам приведут к искусственной или естественной остановке. Человечество может принять меры к пресечению зловредных действий AIg, в случае если это удастся вовремя обнаружить.

Использование AIn сулит огромные блага человечеству. Одновременно общество становится все более зависимым от этих систем. По этой причине требуется создание надежной защиты от вмешательства в их функционирование. Системы становятся все более мощными, и в их недрах может возникнуть AIg, который начнет действовать в собственных интересах. Для этого не требуется превосходства машинного интеллекта над человеческим. Тем хуже, если существо с IQ порядка 20 начнет вершить судьбы планеты.

Серьезные проблемы возникнут, если возможна система, превышающая интеллект общества. Допустив существование таких систем, человечество потеряет контроль над своим дальнейшим развитием и существованием. Впрочем, имеет ли оно такой контроль сейчас.

Но почему мы не сталкиваемся с инопланетными цивилизациями? Сам факт существования таких цивилизаций при допущении бесконечности и вечности Вселенной не вызывает сомнений. На этот вопрос Раймонд Курцвейл отвечает, что мы их просто не замечаем, поскольку их представители слишком малы. Это не убедительный ответ. Они-то нас видят и должны связаться.

Станислав Лем полагает, что достаточно развитая цивилизация замыкается, и общение с другими цивилизациями не входит в круг ее интересов. Это подтверждает и закон ускорения развития. Ведь за миллионы лет требующихся на путешествие развитие сильно продвинется. Может оказаться невозможным контактировать с возвратившимися «космонавтами».

Ilya Kogan

6. ГАЯНЭ - ОКТАГОН

6.1. ЖИЗНЬ ГАЯНЭ

Подробнее смотри в книге, Ilya Kogan "GAYANE – OCTAGON".

Гаянэ, планета, на которой была цивилизация аналогичная земной. После космической катастрофы там создали машинную цивилизацию - Октагон. По размерам, климату и природным условиям Гаянэ примерно такая, как наша Земля. Она вращается вокруг звезды похожей на наше Солнце. Ее цивилизация существенно опережала земную.

История Гаянэ так напоминает земную, что об этом не интересно писать. Однако их цивилизация продвинулась дальше. Этому способствовало, то, что Гаянэ находилась значительно дальше от центра Большого взрыва в нашей (локальной) вселенной. Ее цивилизация была старше земной. Дальнейшее развитие общества привело к созданию всемирного правительства и одного доминирующего языка. Культура была многоязыковой, можно было просмотреть на интернете любой фильм, книгу или произведения искусства из прошлого.

Технология Гаянэ достигла уровня, когда производство товаров жизнеобеспечения (как и любых необходимых обществу товаров) не было проблемой.

6.2. ПОЛИТКОРРЕКТНОСТЬ

Этот вопрос, из-за требований политкорректности на Земле, освещать и обсуждать почти невозможно. По этой причине я вынужден при его конспективном изложении избегать упоминания многих разделов этой темы. Не я первый вынужден это делать.

Политкорректность пагубно влияет на развитие общества. Она усиливает национальную, расовую и межрелигиозную вражду. Политкорректность ведет к деградации общества. В результате общество вынуждено тратить все возрастающие расходы на предотвращение следствий из этого и вводить множество ограничений, например, антитеррористические меры, ограничения в вещах, допускаемых в общественный транспорт, или обязательность паспортов.

Ilya Kogan

Однако, самый большой вред политкорректность наносит обществу, замедляя его развитие, оглупляя и развращая его. Приведу лишь один пример.

Расовая нетерпимость должна быть преодолена и для этого придуман прекрасный метод, помогающий решить эту проблему. В школах, в каждом классе должны быть представители разных рас и разных религий. Но при наличии табу на обсуждение этого вопроса он обернулся губительными последствиями для развития страны.

В каждый класс привозят пару хулиганов, от которых мечтала избавиться их прежняя школа. Они старше по возрасту, на голову выше и гораздо сильнее учеников своего класса. Они не хотят учиться, их мечты: курение, драки, секс, наркотики и прочее. Они знают, что их боятся и ученики, и учителя. Они открыто обижают одноклассников и грубят учителям. Они открыто хвастаются, что им ничего за это не будет, что их даже директор не посмеет тронуть. На их страже политкорректность. А пока классы и вся школа уже живут другой жизнью. Уровень преподавания равняется по новым бездельникам. По своему образованию они на дошкольном уровне. Это не потому, что они умственно отсталые, а потому, что они никогда не слушали учителей.

Выше приведен один, но яркий пример, как прекрасная идея благодаря политкорректности превращается в свое отрицание.

А ведь можно было выбрать, на места представителей других рас и религий, детей, которые хотят учиться, вместо отвратительных хулиганов. Эти дети станут примером для подражания и будут тянуть школу, а потом и страну вперед. Но их оставили там, где они интеллектуально зачахнут. Последнее наводит на мысль, что сторонники политкорректности целенаправленно вредят стране.

Ведь еще недавно этого на Земле не было. Все это пережила и Гаянэ. Постепенно средства на борьбу с последствиями политкорректности стали непосильными.

6.3. ГОРОДА-ДОМА

На Гаянэ было создано единое государство. Развитие технологии и упразднение военных расходов позволило выделить значительные средства на развитие общества. Однако, в первую очередь, этому способствовало устранение политкорректности.

Контролируя рождаемость, численность населения Гаянэ поддерживалась на постоянном уровне. Кстати, эта проблема заключалась не в уменьшении населения, проблема была в его увеличении. Большинство населения не стремилось иметь детей.

Население Гаянэ составляло примерно один миллиард и жило в основном в городах. Каждый город состоит из одного здания, около трех километров длиной. Каждое здание имеет 150 - 200 этажей, и напоминает многоножку с длинным прямым, широким туловищем. Через каждые 200 метров, с обеих сторон, есть перпендикулярные пристройки по 150 - 200 метров в длину. Большинство пристроек имеют в центре коридор, с квартирами с обеих сторон. Многие пристройки используются для других целей, для развлечений, производства, школ, больниц, и других услуг.

Население одного города на Гаянэ составляет примерно пол миллиона человек. Город окружен парками аналогичными Disney World. Сообщение с ними проводится фуникулерами. Чертежи и технологии дома-города приведены в материалах, переданных инопланетянином.

6.4. ОРГАНИЗАЦИЯ ОБЩЕСТВА

Политическая структура Гаянэ очень похожа на политическую структуру США, есть местные, региональные и национальные правительства. Каждая квартира имеет возможность выразить свое мнение в центральную информационную систему (национальное правительство), но, если кто-то хочет голосовать анонимно, они могут сделать это из многих мест. Это позволяет проводить постоянное отслеживание общественного мнения, а также проведение голосований или референдумов. Таким образом, население, правительство и политики постоянно в курсе мнения общества.

В отличие от США и других демократических государств Земли, на Гаянэ имеются группы населения лишенные права голоса. К таким группам относятся, например, довольствующиеся пособиями и не желающие участвовать в поддержании общества. Сюда относятся и некоторые группы заключенных. Однако их (совещательное) мнение по всем вопросам известно, если они хотят принимать участие в голосованиях и опросах.

Видеомониторы расположены во всех общественных местах. Большинство населения, по их просьбе, имеет такие мониторы в своих квартирах по соображениям безопасности. Видеомониторы определяют намерения лиц, попадающих в объектив.

Были приняты законы, которые обеспечивали работающим с низким доходом получать доплату, чтобы их доход существенно превышал доход человека на пособии. Пособие частично заменялось бесплатной пищей в столовой. Все находящиеся на пособии обязательно учатся для получения квалификации. При этом продолжительность учебы на час больше, чем рабочий день.

6.5. СОЦИАЛЬНОЕ ОБЕСПЕЧЕНИЕ

Граждане Гаянэ считают, что социальное обеспечение должно быть максимально полезным и как можно более доступным. Социальное обеспечение положено всем гражданам в дополнение к другим доходам. Получение социального обеспечения обусловлено выполнением общественно полезных работ или обучением. С другой стороны, есть много вариантов финансовой помощи или субсидий для тех, кто может доказать, что они делают что-то полезное или интересное для общества.

Все граждане Гаянэ имели право на бесплатную жилплощадь в городе-доме. В состав жилплощади входит квартира согласно нормам, отопление, освещение, интернет, компьютер с телефоном, стены-телевизоры с набором каналов и оплата всех коммунальных расходов. Все виды образования бесплатные.

На Земле лет 200 назад работа обеспечивала человеку минимальное жилье без санитарных удобств. Рабочий день продолжался 11 - 12 часов. Было не более одного выходного (нерабочего) дня в неделю. Не было ни больничных дней, ни медицинских страховок, ни оплаченных отпусков, ни пенсий. В 1942 - 1944 годах я работал в значительно худших условиях, но это был социализм и начатая им война.

Сейчас (2016 год), в экономически развитых странах рабочий день продолжается 7 – 8 часов в день при 5-дневной рабочей неделе и дает значительно лучшее социальное обеспечение. Старость обеспечена пенсией и дополнительными льготами. Есть вэлфер и пособие по безработице.

Производительность труда будет неуклонно расти и роботы, заменяющие людей, будут делать, все больше и все быстрее, необходимые товары и услуги.

На Гаянэ, как и в любой развитой цивилизации наступил период, в котором,
1. Хронический и непрерывный рост безработицы.
2. Рост неработающих людей на разных пособиях.
3. Рост множества людей, не имеющих дохода и не обеспеченных пособиями.
4. Банкротство системы пенсионного и медицинского обеспечения пенсионеров.

5. Банкротство материального и медицинского обеспечения для получающих пособия.

Процент неработающих избирателей непрерывно растет. Каждый, кандидат должен давать обещания людям, которые заинтересованы в увеличении своих благ, то есть пособий. Это создает парадоксальную ситуацию, когда человек, который всю жизнь прожил на пособии, по достижении пенсионного возраста получает надбавку. В результате его пособие и другие льготы часто превышают блага пенсионера, который всю жизнь работал и платил налоги.

Изложенное позволяет назвать два основных недостатка демократического государства, усугубляющих описанную ситуацию.

1. Непрерывный рост процента избирателей, которые заинтересованы в увеличении пособий.
2. Рост хронической безработицы.

На Гаянэ был разработан план,

1. Сокращение рабочего дня. Рост отпусков. Все рабочие площади используются не менее 12 часов в день и 7 дней в неделю. Это требовало от 3 до 4 разных смен на каждом рабочем месте. Более эффективное использование рабочих площадей

повысило рентабельность и позволило дополнительно сократить рабочий день. Очевидно, что с ростом производительности должен был сокращаться рабочий день.

2. Всем гражданам в дополнение к их доходу обеспечивается, ежемесячная выплата и бонусы, равная пособию неработающих. Эта выплата равна величине, затрачиваемой на получателей пособий. В результате каждый гражданин при любой жизненной ситуации, не попадает в положение, которое хуже положения того, кто не хочет работать. Это сокращает стремление перейти на пособие.

3. Образование в школе обязательное и бесплатное. Разделение школ, классов и учебных программ по уровню IQ учащихся. Если ученик учится ниже своих способностей (из-за лени), то он штрафуется временем (посещает дополнительные занятия), то есть у него остается меньше времени на прочие занятия (безделье).

4. Все, кто находятся на пособии, то есть это единственный их доход, обязаны посещать занятия по обучению выбранной ими специальности. При этом их учеба, по крайней мере, на час в день больше, чем продолжительность общепринятого рабочего дня. Частично учеба может быть заменена общественными работами (по их выбору).

5. В любых голосованиях (референдумах) участвуют только граждане, которые работают. Однако все остальные граждане могут участвовать с совещательным голосом.

6. Исчезновение политических демонстраций. Этого добились путем помещения на верхней полосе стен политической рекламы с обратной связью. Там непрерывно можно видеть, сколько сторонников и противников по каждому обсуждаемому вопросу. Отдельно выделены цифры участников с совещательным голосом.

7. Во всех государственных учреждениях, включая учебные заведения, был один язык. Этот язык был разработан на основе самого распространенного языка с упрощением правописания и введением ряда дополнительных правил. Однако культура могла развиваться на любом языке, то есть ни одному языку не отдавалось предпочтения.

Нарушители правил поведения высылались в «социалистическую зону». Там они жили как при социализме (например, в СССР) и не влияли на жизнь основной Гаянэ. Со временем «социалистические зоны» опустели.

6.6. КОДЕКС СТАБИЛЬНОСТИ
(выдержки)

6.6.1. ВВЕДЕНИЕ

Кодекс стабильности является сводом правил и законов по предотвращению ситуаций опасных для существования общества. Под меньшинством на Гаянэ понималась группа людей, которые иммигрировали в страну, а не родились в ней, независимо от расовой или религиозной принадлежности. Те, кто родились законно в стране были равны во всех отношениях.

6.6.2. ЭЛЕМЕНТЫ КОДЕКСА СТАБИЛЬНОСТИ

Часть 1. Обязательные Требования к Структуре и Уставу Групп

ГРУППОЙ *является любое объединение людей по какому-либо признаку, который одобряет и (или) интересует членов группы.*

Группами являются спортивные общества, политические партии, общества коллекционеров и любителей чего-либо (например, «союз рыжих»), религии, общества стрелков, религиозные секты и т.д. Группы могут пересекаться, т.е. один и тот же индивидуум может быть членом нескольких групп.

Ilya Kogan

1. Каждая группа должна иметь устав, в котором полностью изложены цели и задачи группы. Полный текст устава должен быть опубликован в Интернете на специальном открытом сайте.

Часть 2. Ограничения, Предотвращающие Монопольное Влияние

1. Группа не может содержать более 50 процентов населения станы.

Например, если политическая партия или религиозная группа содержит более половины избирателей, то через три года она должна быть разделена на части или распущена. Возможны исключения с ограничением права голоса.

Напомню, что эффективный детектор лжи позволял на Гаянэ становить истинность решений.

Часть 3. Предотвращение Узурпации Власти

Во многих странах Гаянэ существовали явные или скрытые диктатуры. В явной диктатуре, глава государства обладал неограниченными правами согласно конституции государства. Как правило, диктатор безжалостно расправлялся со своими оппонентами, как например, в Северной Корее или Иране (2016).

1. Верховный руководитель государства может за свою жизнь на своем посту быть не более двух сроков или 15 лет, что меньше.

2. Руководители партий или государственных религий, руководители ключевых министерств и служб подчиняются, изложенным в пункте 1 правилам.

3. В случаях, когда в стране, по мнению населения, нет подходящих кандидатур для замены «души нации», то либо населением страны, либо ООН, назначается регентом представитель другой страны.

Часть 4. Требования к Организации Жизни на Гаянэ

Стабильность существования общества требовала, в дополнение к предотвращению злонамеренных действий, дополнительных мероприятий.

Соответствующее социальное обеспечение.

Преступление не должно приносить доход.
Книги, фильмы, пьесы, базирующиеся на преступлениях, а фактически популяризирующие преступления, не должны поощряться. Если они не запрещены, то облагаются 100% налогом. В те времена на Гаянэ коммунистическая идеология была запрещена. Там была запрещена и боле мягкая фашистская идеология.

- **Правила получения гражданства.** Не предоставлялось гражданство по праву рождения на некоторой территории. Были ограничены права незаконных иммигрантов.

- **Проведение опросов и референдумов.** Во всех квартирах были установлены экраны в виде полоски под потолком. Эти экраны имели обратную связь с центральной информационной системой государства и ООН. Это позволяло проводить опросы и референдумы по острым вопросам. В результате исчезли уличные демонстрации и беспорядки, им сопутствующие.

6.7. КЛАССИФИКАЦИЯ ПОЛИТИЧЕСКИХ ДЕЯТЕЛЕЙ

Характеристике и классификации политических деятелей посвящен большой раздел. На Гаянэ были свои аналоги Ленина, Сталина или Гитлера. Ниже дано конспективное изложение «земного варианта» версии, которая составлена их программой сравнения истории Гаянэ и Земли.

История человечества полна несправедливостей и жестокости. Это результат деятельности политических деятелей, диктаторов, бандитов и садистов. Жестокость оценивается как с позиций друзей и родственников, так и с позиций истории. В этом случае, жестокость, совершенная политическими лидерами, значительно превосходит все остальное. Ниже рассматривается только исторический подход.

Мао Цзэдун уничтожил наибольшее число людей, но ведь у Ленина или у Пол Пота не было такой возможности. Следует отметить, что потребности в жестокости меняются со временем. Ленинская рубка саблями и массовые расстрелы сделали свое дело. Кто мог, бежал, а кто не мог, затаился. Сталин уже мог ограничиться подобием правосудия в виде троек.

ГУЛАГ и создание промышленной базы на Востоке преследовали цели Всемирной революции (порабощение всей планеты), а не укрепления своей власти. В после сталинский период можно было допустить "оттепель".

В 1953 году Сталин планировал полное уничтожение евреев Советского Союза. То есть завершить то, что не окончил Гитлер. Известно, что Гитлер предлагал Сталину принять в СССР евреев Германии. Имеются неоспоримые свидетельства, что Гитлер пришел к власти именно благодаря Сталину. Не известны публикации на тему, требовал ли Сталин за это организации Гитлером холокоста.

Ilya Kogan

Следует напомнить, что сразу после окончания войны Сталин приказал создать 100 дивизий тяжелых бомбардировщиков. Эти бомбардировщики должны были иметь возможность долететь до США и донести туда атомные бомбы. Их базирование планировалось на Дальнем востоке.

В СССР была создана почти 100-мегатонная водородная бомба, которую нельзя было перевезти на большое расстояние самолетом. Был предложен план (влиятельным «людоедом») отправки к берегам США кораблей с такими бомбами. Их взрыв у побережья США привел бы к почти полному разрушению страны. К счастью, этот план не был осуществлен.

Приведенных примеров достаточно, чтобы при оценке варварства политических деятелей члены КПСС возглавляли список. Введены две оценки кровавой жестокости политических деятелей:

КИНЕТИЧЕСКАЯ, т.е. оценка по свершениям или результатам их деятельности, и

ПОТЕНЦИАЛЬНАЯ, т.е. к чему они готовы по своему мировоззрению и (или) своей сути.

КИНЕТИЧЕСКИЙ ряд, по мере убывания жестокости (лживости, бесчеловечности и т.п.)

следующий: Ленин, Сталин, Гитлер, Мао. Затем идут их соратники по «братским компартиям», которым довелось быть во главе государств. Затем идут зависимые от них диктаторы, например, Саддам Хусейн. Далее надо рыться в прошлом.

Следует отметить, что между первыми разрыв гораздо больший, чем во второй пятерке. Т.е. Сталин, например, на фоне Ленина просто ягненок, как и Гитлер на фоне Сталина милый котенок, и т.д. Тем не менее, и далекий от них Саддам - зверь. Понять это общество можно, прочтя НОМЕНКЛАТУРУ Василенского, а детали (не для слабонервных) у Шаламова.

ПОТЕНЦИАЛЬНЫЙ ряд: Ленин, Троцкий, Сталин, все Генеральные Секретари КПСС (без исключения), и далее примерно, как в КИНЕТИЧЕСКОМ ряду.

На эту тему появляются все новые свидетельства, например, о (бесчеловечной) личности Ленина. Напомню, что пришельцы обладали значительно большими возможностями в вопросах доступа к архивам секретной информации.

6.8. ОКТАГОН

Было обнаружено, что в ближайшие тысячелетия планета Гаянэ будет разрушена. Катаклизм наступил и в результате только некоторые компьютерные индивидуумы сохранились. Mr. Илья Коган разработал и предложил создать Октагон. Его создание потребовало почти миллиард лет. Были еще катастрофы, но их пережить стало легче. Потеря людей все еще ощущается, особенно в области поэзии и музыки.

Форма Октагона шар диаметром примерно 500 метров. Это внешняя оболочка Октагона. Представьте, что в этот шар вписан правильный октаэдр. В октаэдр вписаны несколько концентрических шаров, которые, как и внешняя оболочка служат для тепловой, радиационной и механической защиты машинной цивилизации Октагона, расположенной во внутреннем шаре.

Между внутренней поверхностью внешнего шара и внешней поверхностью ближайшего внутреннего шара расположены вспомогательные системы. Там находятся системы питания, поддержания необходимых температуры, давления и прочее. Там же находится запас нано ботов, которые могут производить необходимые работы и синтезировать дополнительно необходимые нано боты.

Недалеко от основной станции находится некоторый запас материалов для хозяйственных и научных нужд и подсобные производства.

Пересечение трех диагоналей квадратов, образующих октаэдр, является центром Октагона. Сами диагонали, вернее их продолжение, образует Декартову систему координат, которая является основной для ориентации Октагона в пространстве. Вдоль этих осей расположены информационные станции.

Все объекты Октагона движутся по одинаковым траекториям. Каждые десять лет шесть кораблей отправляются к информационным станциям. Корабли содержат последнее содержание памяти цивилизации, которое сохраняется в информационных станциях. Корабли, направляемые к информационным станциям, производят корректировку информации, проверяют положение информационных станций, дают задание на корректировку положения станций и могут заменить станцию в случае ее выхода из строя.

Достигнув последней станции, корабли отправляются в окружающее пространство. Они исследуют наличие опасностей и посылают сигналы, чтобы система переместилась в безопасное место пространства. Они так же ищут материю, которая может служить источником энергии и материалом для новых кораблей и для экспериментов.

Ilya Kogan

Если корабль не прибывает на информационную станцию в ожидаемое время, то предполагаются проблемы в центральной станции. Инициируется диагностическая программа, которая может стартовать программу восстановления. В худшем случае теряется примерно сто лет эволюции цивилизации.

Цивилизация Октагона состоит из индивидуумов. Каждый член имеет максимально возможные для информационной системы процессор и память. Всего членов пятьсот миллионов. Каждому индивидууму выделяется участок памяти: memory region (сокращенно Mr.) или memory space (Ms.). Я поинтересовался у инопланетянина о различиях между "Mr." и "Ms." Он меня отправил к разделу психологии их общества. Однако заметил, что это как у вас, когда Геи или лесбиянки занимаются сексом по телефону.

ТЕОРИЯ АБСОЛЮТНОГО ПРОСТРАНСТВА

Ниже я хочу рассказать об одной научной теории. Ее автором является Ms. Multirock – президент Академии Наук Октагона. Теория называется «Теория Абсолютного Пространства» (Absolute Space Theory). Ее созданием руководил Mr. Коган. До того, как его выдвинули на пост Президента Октагона, он возглавлял Академию.

Результаты теории базируются на наблюдениях во Вселенной и на экспериментах с тремя взаимно перпендикулярными линиями космических аппаратов.

В Октагоне была построена система координат неподвижная относительно кластеров вселенных. Все результаты экспериментов преобразовывались в координаты этой системы.

ОСНОВНЫЕ РЕЗУЛЬТАТЫ ТЕОРИИ

Признавая основные утверждения Теории Относительности, утверждается, что Вселенная имеет следующие абсолютные свойства:

1. Максимальную абсолютную скорость, равную скорости света в вакууме.

2. Максимальная скорость зависит от свойств вакуума, которые можно изменять. В зависимости от свойств вакуума в конкретном участке пространства она может быть больше или меньше.

3. Минимальная скорость равна нулю.

4. Масса тела не может превысить некоторую максимальную величину. Любое дальнейшее увеличение энергии тела ведет к переходу массы в электромагнитную энергию.

5. Масса тела не может быть меньше некоторой минимальной величины для этого тела.

6. Максимальная температура, превышение которой превращает массу в электромагнитную энергию.

Ilya Kogan

7. Минимальная температура или абсолютный ноль.

8. *Абсолютное время – время в системе с нулевой скоростью и минимальной температурой.*

9. *Существует устойчивый ряд микроскопических черных дыр. Элементарные частицы являются их примером.*

10. *Вселенная существует вечно в бесконечном трехмерном евклидовом пространстве.*

Перечисленное влияет на некоторые результаты. Например, невозможность сингулярности в черных дырах.

7. ВОПРОСЫ К ИСТОРИКАМ

Отечественная война 1941 – 1945 годов оставила неизгладимый след в истории населения России. Это страшный след, и сегодня, через 70 лет, в мыслях жителей постсоветского пространства. На первом месте мысль «**ЛИШЬ БЫ НЕ БЫЛО ВОЙНЫ**».

Много страшных вещей помнит история России, например, рабство, которое стыдливо называют крепостным правом, или ГУЛАГ. Видимо крепостное право было одним из самых отвратительных рабств, а ГУЛАГ самым жестоким и самым бесчеловечным местом заключения. Читайте не Солженицына, читайте Шаламова. Но пропаганда делает свое дело. Из памяти вычищаются ненужные исторические явления. Варлама Шаламова в школах не изучают, а история Великой Отечественной войны, сильно подчищенная и искаженная, постоянно рекламируется. Примерно 83-летие войны станет поистине всенародным и многонедельным праздником в России. Множится литература на эту тему.

Вот если бы Суворов жирным и, возможно, крупным шрифтом выделил идеи и вопросы каждой книги. Выделил даже дважды, в начале и в конце. Если бы он написал, что любая критика должна начинаться с критики этих вопросов.

Если собрать все оружие, подготовленное за предвоенные десятилетия, то это будет внушительный памятник. Памятник – свидетельствующий о недобросовестности отрицающих подготовку агрессивной войны Советским Союзом. И уже не нужны секретные и несекретные документы на эту тему. Эти документы станут второстепенным материалом. После этого, боязнь раскрытия архивов будет свидетельствовать только о том, что любые публикации не говорят об истинной преступности режима, созданного членами КПСС. Раскрытие архивов может показать такие страшные вещи, что (документальные) произведения Шаламова померкнут.

Суд над этими преступниками нужен не для России. Такой суд предотвратит появление в мире новых движений типа движения против Маккарти. Сколько было шума. Сейчас известно, что Маккарти сильно ошибался. Действительное засилье шпионов из СССР и влияние коммунистической идеологии в США, особенно в университетах, значительно превосходило указанное Маккарти. Историческая справедливость так и не восстановлена по сей день.

Если же этот процесс состоится до того времени, когда упадут доходы от нефти и газа, то россияне навсегда забудут «Только бы не было войны». Они будут, как норвежцы жить мирно и счастливо. Впрочем, это не исключает появление «брейвиков». Я не против деталей, документов и художественного изложения, но есть главное.

Страна не готовится к миру или к обороне и тратит на наступательное оружие все средства. Никакие документы о планах подготовки военных действий не подтверждают это больше.

Чтобы доказать свою точку зрения противники «сталинизма» анализируют постановления и высказывания 40 – 41, иногда 39 года. Возможно, где-то в тексте спрятана короткая фраза о более раннем времени. **Столь грандиозное мероприятие готовилось (планировалось) много лет, а не с 1939 года.**

Читаешь и создается впечатление, что авторы стремятся оправдать просчет Сталина. А ведь в их публикациях говорится, что секретные документы Германии были на столе у Сталина чуть ли не раньше, чем их подписывал Гитлер. Они пишут об игре 1940 – 1941 годов, в которой Гитлер переиграл Сталина.

На самом деле Гитлер проиграл, допустив, чтобы у Сталина оказалось в несколько раз больше танков, самолетов, орудий, подводных лодок и т.д., чем в Германии. На создание этого оружия требовались долгие годы. Когда он обратил на это внимание, уже было безнадежно поздно. Гитлер, видимо понял, что он проиграл цель своей жизни и совершил отсроченное самоубийство.

Однако он разрушил цель жизни Сталина. Как полагает Суворов именно по этой причине Сталин отказался принимать Парад Победы. Впрочем, до последних дней КПСС во главе со Сталиным стремилась исправить положение. Об этом говорит послевоенная милитаризация страны и планы создания беспрецедентной массы тяжелых бомбардировщиков.

Видимо почувствовав приближение конца, Сталин решил ускорить незавершенное Гитлером (общее дело?) и появилось «дело врачей».

ОСНОВНЫЕ ВОПРОСЫ

1. ВОПРОСЫ ПО ОСВЕЩЕНИЮ В ЛИТЕРАТУРЕ ПОДГОТОВКИ И ВЕДЕНИЮ ВТОРОЙ МИРОВОЙ ВОЙНЫ.

1.1. Признаки подготовки СССР к войне.

Как определяется потенциальный агрессор? Где граница угрозы и когда следует принимать превентивные меры? Зависимость превентивных мер от характера угрозы.

Имеются понятия фашизм, экстремизм, экспансионизм, агрессивность. Эти понятия даже включены в уголовный кодекс. Более чем за десять лет до начала войны в СССР были систематические выступления политиков, пропаганда в СМИ и в литературе, откровенно направленные на разжигание военного психоза и подготовке к грядущей войне.

Промышленность Советского Союза была целиком переведена на военные рельсы. Производство наступательных вооружений значительно превышало разумные потребности. Оборона была практически забыта. Если учесть сравнительный уровень средств наступления и средств обороны, то можно утверждать, что страна готовилась именно к наступательной войне.

Об этом заведомо знали сотни людей. Ведь планы разрабатывались в Совете министров, Госплане, Генеральном штабе и в других министерствах.

1.2. Почему при таком избыточном информационном освещении войны молчат о Ржеве? Неужели сражения у Ржева не заслужили значительного большего упоминания, чем, например, Сталинградская битва.

Сражения под Ржевом превосходят любое другое сражение по продолжительности, по потерям, по значению. Ведь именно Ржев прикрыл и спас Москву. Ржев, в первую очередь, был главным шагом к победе, больше чем Сталинград или Курск. Где кости погибших под Ржевом, и как с ними обошлись. Есть данные, что их сгребали бульдозерами. Неужели все (то есть каждый) и все забыто?

Ежегодно все с большим размахом проводятся памятные мероприятия, посвященные войне. Все новым населенным пунктам присваивается титул героев, но не Ржеву.

1.3. Каковы потери в водах Волги.

Во время боев за Сталинград почти все военные училища были брошены туда. Отмечу, что я, мальчишка, умолял, чтобы меня приняли в училище. Меня не приняли из-за малолетства и страшной худобы. Через полгода это училище было в полном составе отправлено под Сталинград. Мой старший брат Рафаил Коган погиб под Сталинградом. Мои дядя Виктор Хусид, согласно мемуарной литературе, командовал там артиллерией.

1.4. Анализ причин соотношения потерь со стороны СССР и Германии.

Даже если исключить потери в начале войны, то получится порядка 5 к 1. Каково соотношение потерь, например, при штурме Берлина. Следует отметить, что это явление имеет предысторию, например, соотношение потерь в Финской войне.

1.5. Роль приказов номер 220 и 227, а также заградительных отрядов в возможности подмены термина и появлении слов «Великая Отечественная».

Приказ номер 227 от 28 июля 1942 года отправлял отступивших без приказа в штрафные батальоны. Напомню, что это, видимо, относилось к выжившим в результате огня заградительных отрядов. Предыдущий приказ (220), в частности, объявлял военнослужащим, что их родные становятся заложниками их поведения на фронте. Они подлежат интернированию. Как минимум они лишаются продовольственных карточек, то есть обрекаются на голодную смерть.

Штрафные части существовали с 25 июля 1942 года. Приказом НКВД СССР № 00941 от 19 июля 1941 года при особых отделах дивизий и корпусов сформированы отдельные стрелковые взводы, при особых отделах армий — отдельные стрелковые роты, при особых отделах фронтов — отдельные стрелковые батальоны, укомплектованные личным составом войск НКВД (то есть заградительные отряды).

Без анализа влияния этих мероприятий нельзя говорить о мотивировке поведения солдат. Приписывание изменения поведения военнослужащих к началу 1942 года неправильному поведению Германии на оккупированной территории вряд ли соответствует действительности. Ведь солдаты не знали в 1941 – 42 годах о поведении немцев на оккупированной территории или в концлагерях. Но именно этим мотивируют «инженеры человеческих душ» (даже такие как Бунич) превращение войны в Великую Отечественную Войну советского народа.

1.6. Могли ли войска маршала Конева опередить Жукова при штурме Берлина.

Предпринимал ли Жуков меры для того, чтобы предотвратить это? В литературе и на Интернете имеются упоминание об этих мерах.

1.7. Реальная роль союзников в войне.

Обычно ссылаются на тяготы и потери народов СССР. Потери в живой силе на фронте и в тылу целиком лежат на совести СССР. Это скорее умаляет роль СССР и особенно, в первую очередь, его армейское руководства.

1.8. Холокост

Знал ли Сталин, приводя Гитлера к власти о его антисемитизме, безусловно знал. Был ли Сталин антисемит, исторические факты говорят за это. Намеренно ли не информировали евреев об угрозе на оккупированной территории. В 1941 году нам неоднократно говорили официальные лица, что уезжать не следует. Проводимая эвакуация связана с выводом промышленных предприятий из-под бомбежек.

Германия до начала холокоста предложила Советскому Союзу забрать ее евреев, но получила отказ. Интересно, почему с таким предложением было обращение к Советскому Союзу. Логично было бы обратиться, например, к США. В этой связи интересно ответить на вопрос, сколько евреев было оставлено для уничтожения. Опубликованная статистика говорит, что было оставлено не менее половины евреев, уничтоженных в Холокосте, то есть не менее трех миллионов.

Евреи СССР были существенной частью в военно-промышленном комплексе и среди «инженеров человеческих душ». Они нужны были для подготовки и ведения войны. Денег или собственности у них не было, как в Германии.

Прелюдией было «дело врачей». Гитлеру такой вариант не подходил. В Германии он держал в секрете, то, что происходило в концлагерях. На оккупированной территории он этим зарабатывал поддержку народа. Смерть Сталина и последующая борьба за власть помешали осуществить Сталину его злодейский план.

2. ВОПРОСЫ ИСТОРИЧЕСКИЕ.

2.1. Кто способствовал (организовывал) приход к власти фашизма в Италии и в Германии? Кто и как способствовал военному и экономическому развитию Германии.

Вопрос содействия военно-экономическому развитию Германии достаточно полно освещен в литературе. Однако это произведено весьма отрывочно. Полная картина нигде не представлена. Нет анализа причин и значения этих действий. Ведь существовали международные соглашения, которые тайно нарушались Советским Союзом. Не освещен и моральный вопрос. В Германии возникла проблема, так как многие офицеры имели друзей в СССР, где они учились. Этой проблемы не было в среде советского командного состава.

Вопросы, связанные с приходом фашизма к власти не исследованы. Он освещен в статьях Правды за 1932-33 годов и кратко в книгах В. Суворова.

2.2. Почему Гитлер только 18 декабря 1940 года дал задание разработать план Барбаросса.

План «Гроза» (не важно, как он в действительности назывался) заведомо существовал задолго до этой даты и о нем знали сотни людей, а догадывались тысячи. Е. Киселев в своей телевизионной передаче назвал архивный номер папки этого плана.

Ведь для Германии и СССР секретное приложение к договору было известно. Гитлер должен был почувствовать себя не обманутым, а преданным. Ему потребовалось около года, чтобы осознать фатальное для него значение этого предательства. В результате он начал разработку плана Барбаросса.

2.3. Реальные, а не теоретические общность и различие социалистического СССР и фашисткой Германии. Кто правый, а кто левый.

3. ВОПРОСЫ ПОЛИТИЧЕСКИЕ.

3.1. Революция или переворот.

Ленин определял свою партию как организацию профессиональных революционеров для захвата власти. Но можно выразиться и так, банда профессионалов по захвату власти и принуждению народа.

3.2. Почему в первую очередь 1937 – 38 годы.

Обычно говоря о коммунистическом терроре, вспоминают 1937 – 38 годы. Однако это не годы самого массового террора. В предыдущие годы, особенно во времена Ленина и последующие годы, если верить опубликованной статистике, коммунистический террор и уничтожение своего народа было более массовым. 1937 – 1938 это годы уничтожения соперников, точнее соратников по немыслимо страшным преступлениям против своего народа. Почему их позднее реабилитировали и восстановили в правах непонятно. Конечно, с них следовало снять надуманные преступления, в которых они не были виновны. Но их следовало посмертно судить за более страшные реальные их преступления. По-видимому, тем, кто их реабилитировал, был страшен суд над собой.

3.3. Суд над коммунизмом

Количеством преступлений, совершенных членами КПСС и тяжесть этих преступлений не имеют ничего равного в истории. Остается надеяться, что это никогда не повторится. Эти преступления не имеют срока давности, и справедливость ждет своего часа.

При анализе каждого высказывания, каждой публикации, необходимо задать вопрос «Было бы возможно сказать или написать подобное после суда над коммунизмом».

3.4. Отличия Марксизма – Ленинизма от его практической реализации. Возможен ли социализм или коммунизм с человеческим лицом?

3.5. Место России в мире

Для каждой страны можно средне-статистически определить ее место в мире. Учитывая, что речь идет о миллионном населении каждой страны и больших временных интервалах, такое определение будет обладать, если не абсолютной, то вполне приемлемой точностью. Методы Моте-Карло это подтверждают.

По основным показателям, а именно валовому продукту и населению, Россия находится на границе первой и второй десятки стран мира.

Средний интеллект (IQ) гражданина России также находится в этом месте.

Место России по валовому продукту в долгосрочном плане не имеет шансов улучшиться. Возможно, цены на нефть и газ не упадут. Однако теперь и США заинтересованы в высоких ценах на эти продукты, они тоже становятся экспортером. Следовательно, экспорт России заведомо упадет, а как следствие доходы и валовой продукт. Большая площадь страны будет играть в этом вопросе скорее отрицательную роль.

Место России по населению, тоже не имеет перспектив. Демографическая ситуация в стране известна.

Уже достаточно изучено распределение среднего IQ среди народов мира. И впереди Юго-восточная Азия, где есть два таких гиганта, как Китай и Индия. К тому, же Россия систематически разбазаривает свой наиболее интеллектуальный генетический фонд. Наиболее толковые граждане выживаются из страны.

Воровство технологий не спасет положение. Технологии так быстро развиваются, что к моменту освоения украденных технологий появляются новые. К тому же практика показывает, что освоение украденных технологий тоже требует мозгов. Всем известна аварийность при их испытаниях в России. Можно сказать, что деньги на строительство чудо здания ГРУ и оплата его штата в стране и за рубежом выбрасываются на ветер.

Израиль исключение благодаря антисемитизму в России и наполнению его высокоинтеллектуальными и высококвалифицированными специалистами.

3.6. Путин и оппозиция.

Анализ высказываний наиболее видных представителей оппозиции (лидерами их нельзя назвать) об их стремлении создать великую Россию приводят к выводу, что их приход к власти будет катастрофой для народа и государства. Возможно, что России повезло, что сегодня ее лидер Владимир Путин. Нет, я не за путинизм, я за счастливый и обеспеченный народ России. Однако пока первоочередной задачей считается величие России, а не благосостояние народа, политика этих бессменных генеральных секретарей своих маленьких КПСС гибельна для страны. Какое моральное право они имеют упрекать Путина за его третий срок; сами они пожизненно. ВВП следовало бы путем референдума стать Императором всея Руси и покончить с этим вопросом. На сегодняшний день Россия от этого заведомо выиграла бы, как Испания. Прекрасное время для этого после переизбрания в 2018 году.

В 1957 году второй секретарь КП Николаевской области Иващенко сказал мне (примерно). Демократия, о которой Вы говорите зальет страну кровью, народ к ней не готов.

Страна неизбежно придёт к этому. Значит нужен период перевоспитания народа порядка 20 лет без выборов. Если Путин любит Россию, то став императором он может это сделать.

Подъем средней заработной платы до мирового уровня сделает невозможным поддержание страшной соседям России. Производство оружия и содержание армии станут не по силам. Есть две альтернативы:

- Нищий народ и много оружия, ржавеющего и засоряющего территорию;

- Счастливый, обеспеченный народ, как например, в Норвегии, и мало оружия, как например в той же Норвегии.

Мне не нравится искусственный антиамериканизм, культивируемый правительством Путина. Однако это не влияет ни на мою жизнь, ни на жизнь граждан США, ни на нашу страну. Конечно, несколько тысяч американцев это может задеть серьезно, но нас триста миллионов. Тем не менее, он имеет важное внутреннее значение для стабильности России и потому простителен. Трудно представить, чем займутся СМИ России и чем будут заняты мозги большинства ее граждан, если это исчезнет. Все пойдет в разнос.

Ilya Kogan

4. ВОПРОСЫ БЛИЗКИЕ К ТЕМЕ.

4.1. Сравнение Гитлера со Сталиным.
Необходимо провести систематическое сравнение этих двух диктаторов. Сравнение должно быть проведено по каждому пункту как обвинений, предъявляемых Гитлеру и Сталину, так и по каждому пункту заслуг приписываемых им.

Такое сравнение однажды было начато на страницах ПРАВДЫ. Его быстро прекратили, поскольку оно было не в пользу Сталина.

4.2. Интересно узнать мнение военных специалистов и историков.

В одной из книг о войне есть примерно следующее. Книга художественная, но автор утверждает, она основана на документальных событиях.

Готовится наступление. Один солдат мастерит из веток что-то для ног. Другой его спрашивает, что он делает. Он говорит, что он из здешних мест и перед ними болота. Пройти через них можно только используя приспособления, которые он делает. Но за нами стоят танки и орудия, как они пройдут. В ответ слышит, что местный не знает зачем танки, они заведомо утонут в болоте. Орудия тем более утонут. Однако наступление состоялось, и немцы были разбиты. Удар был с совершенно неожиданного направления, со стороны непроходимых болот.

4.3. Насколько соответствуют действительности показания немецкого генерала на допросе.

Это было опубликовано на русском языке с претензией на документальность. Взята высота со штабом. Пленному немецкому генералу задают вопрос, как получилось, что их захватили. Ведь его солдаты имели большой запас патронов, но пулеметы замолчали. Генерал ответил, что вы, безусловно, видели, что склоны сплошь покрыты трупами советских солдат, что вниз текли ручьи крови. Немецкий солдат может убить много врагов, но не может стрелять бесконечно в людей.

5. ИНТЕРЕСНЫЕ, НО ИМЕЮЩИЕ КОСВЕННОЕ ОТНОШЕНИЕ К ТЕМЕ.

5.1. Кто угрожает России, зачем она тратит все на вооружение. Норвегия не боится.

Этот вопрос знают, и он буквально висит в воздухе. Ни один страшно критичный оппонент в своих публикациях на эту тему не вспоминает Норвегию.

5.2. Почему вокруг только враги. Если врагов покоряют и присоединяют, это не может быть добровольно.

Всю свою историю Россия борется со своими врагами – соседями. Всю свою историю она их порабощает и уничтожает. Всю свою историю она, захватив чужую территорию и народ, уже никогда и ни за что это не освобождает.

Как показывает история, порабощенные не становятся друзьями. Их покоряют за счет своего народа. Их кормят за счет своего народа. Однако друзьями они не становятся.

В Советском Союзе хуже всего жили в России. Именно в России было труднее всего с продовольствием и промтоварами. В Прибалтике или в Грузии было несравненно лучше. В странах «народной демократии» было лучше, чем в СССР.

Почему не дискутируется вопрос о том, что лучше: огромная нищая всем страшная страна с нищим народом; или, 20 маленьких, счастливых Швейцарий с обеспеченным народом, который любят и не боятся соседи.

5.3. Художественное оформление.

В эту категорию отнесены вопросы, относящиеся к ситуациям и диалогам, составляющим содержание произведений, относящихся к художественной и мемуарной литературе. Сюда же относятся, например, количество танков, их технические данные, номера дивизий, их списочные характеристики, и т.п.

5.4. В книгах о войне я не встретил ссылки на произведение, напечатанное в 1939 году.

Кажется, «**Первые 48 часов войны с фашисткой Германией**». Повесть (или роман, примерно 150 страниц) напечатана в журнале «Новый Мир» или «Октябрь» в 1939 году. В том самом году, когда пионер - вожатый нашей группы в пионерском лагере (комсомолец!), доказывал нашему воспитателю, что татуировка свастики на его руке это, согласно пропаганде, патриотично.

4. НАУКА - ИСТОРИЯ

Есть произведения, не связанные строго с книгами В. Суворова, как например «Операция «Гроза»» И. Бунича. Две книги объемом более тысячи страниц. Список книг на эту тему огромен и объемен. Авторы пытаются сделать свои произведения более интересными и убедительными для читателя. Такой подход имеет и коммерческий интерес. В результате книги перегружены интересными и увлекательными пассажами. Такие отступления занимают основной объем книги.

Часто и авторы включают такие разделы, которые не обсуждают основные идеи их книг. Последнее позволяет **критикам, часто весьма авторитетным по своим регалиям, производить, видимо преднамеренную, фальсификацию истории.**

Ilya Kogan

Прочтя «Воспоминания и размышления» Жукова, я был потрясен. Я составил примерную карту расположения войск на 1940 год. Синими я изобразил советские войска, красным немецкие. Обычно во всех задачах советские войска изображаются красным, то есть наоборот. Слегка изменил очертания границ, чтобы мой дядя – Хусид Виктор (мамин брат) их не узнал, так как он в прошлом командовал округом в Западной Украине, но на пенсию вышел с должности первого заместителя командующего Киевского военного округа.

Дядя рассмотрел карту, удивился, но высказал свое мнение. **Он сказал, что даже при отсутствии разведки обе стороны знают ситуацию. Такие огромные приготовления невозможно скрыть. О красных он сказал, как им нужно внезапно ударить. Это нужно сделать обязательно, так как глупо добровольно класть голову на плаху. Действия красных он определил точно так, как это сделал в 1941 году Гитлер.** Дальше произошел следующий диалог.

Я, - «Дядя, у Вас есть мемуары Жукова?»

Он, - «С его автографом!».

Он принес, я открыл нужные страницы.

Он, - «Как я раньше не догадался. Ты это кому-нибудь уже показывал?»

Я, - «Вы первый».

Разговор был примерно в 1973 году. Он сжег карту над пепельницей.

Он, - «Если ты хочешь, чтобы от нашего рода, хоть след остался, забудь эту тему».

Неожиданно, он пошел провожать меня к метро. По дороге он сказал, - «На начало войны я, подполковник, командовал дивизией тяжелых самоходных гаубиц резерва главного командования. Мои орудия стояли на границе у самой воды. Нас видели с другого берега. Не думай, что мы все были дураками. Для обороны нас необходимо было разместить километров на 25 восточнее». Я хотел что-то спросить, но он резко сказал, что эта тема закрыта.

Последний абзац позволяет утверждать, что готовилась наступательная операция. Об этом знали многие; именно знали, а не догадывались или предполагали. Знали, против кого будет начата война и совершено агрессивное нападение. Например, каждый директор танкового (тракторного) завода знал примерно производство танков не только на своем заводе, но и в СССР, и в мире. Он знал, что танк оружие наступления. Таких примеров можно привести множество.

Ilya Kogan

Не один Сталин в этом виновен, виновны все члены КПСС. В Германии проведена денацификация.

8. РАЗНЫЕ МЕЛОЧИ

8.1. ВВОДНОЕ ЗАМЕЧАНИЕ

Эта глава базируется на книгах и брошюрах, Ilya Kogan "EVERYTHING IS NOT AS IT IS", Ilya Kogan "WHOM TO BLAME? - WIKILEAKS!", Ilya Kogan "SNOWDENISM", Ilya Kogan "WARNING" ISBN-13: 978-1495900426, и других.

Впечатление, что мы живем внутри каламбура и **ВСЕ НЕ ТАК КАК ЕСТЬ**. При этом бывает трудно определить, где находится действительность.

Ознакомившись с некоторым утверждением, мы узнаем из неполного (и часто необъективного) изложения «**Что у нас есть?** ». Следом появляется вопрос «**Что же есть на самом деле?**» На этот вопрос бывает трудно ответить. Ниже примеры.

Ilya Kogan

8.2. О СМЕРТИ ИИСУСА

8.2.1. Что у нас есть?

Описание жизни Иисуса Христа в религиозных книгах. В этом описании утверждается, что Иисус сын божий. Он творил чудеса, перенес страшные мучения перед смертью и явился народу после смерти. Это каноническая версия. Однако имеются и другие версии.

8.2.2. Версии

Публикация книги «Код Да Винчи» оживила толкование жизни Иисуса Христа, и появилось много версий. Фильмы, книги, детективы и серьезные научные исследования.

Большинство этих документов не связано с новыми историческими находками. Ажиотаж подогревается небывалой рекламой и даже, явно надуманными, судебными процессами.

Мне кажется, что все эти вопросы не так уж новы. В 1946 году я отдыхал на курорте «Кириловка» на Азовском море. Там была хорошая библиотека, в которой было много книг 1930-х годов. Было несколько романов на религиозную тему. В одном описаны отношения Магдалины, Иисуса и Иуды.
Магдалина представлена не как проститутка, а богатая, знатная девушка и

девственница. Видимо авторы тех книг могли бы судить всех участников нынешних судебных процессов за плагиат.

Дева Мария получила непорочное зачатие. Не знаю, как это удостоверено. Современная медицина утверждает, что значительный процент женщин теряет девственность при первых родах. Значит, все они могут быть признаны непорочными в период первой беременности.

Отрицать божественное происхождение Иисуса, будучи последовательными, иудеи не могут. Ведь они верят во всемогущество своего Бога и тем самым впадают в известное противоречие.

По отношению к всемогуществу Бога шутники спрашивают: «Может ли Бог создать камень, который не может поднять?»

Утверждение иудеев, что у бога не может быть сына тоже подходит в качестве подобного примера.

Были слухи, что Иисус сын божий. Пилат и его жена могли этому верить. Какое множество детей богов гуляло по Греции и Риму! Как много есть мифов, в которых боятся мести богов за убийство их родственников. Этим можно объяснить опасения Пилата и его жены.

Ilya Kogan

Однако Пилат не мог не казнить Иисуса даже и в том случае, если бы евреи требовали его помилования. Вопреки сценам в «Мастере и Маргарите», Пилат должен был приложить все возможные усилия, чтобы Иисус не был помилован евреями. Ведь Иисус был против божественного цезаря.

Пилат мог воспользоваться вариантом, который известен из романов и истории. Подменить подлежащего казни. Наркотики тогда уже были известны. Пытки и обязательное бичевание перед распятием делают человека неузнаваемым. Вспомним, как у Фейхтвангера («Еврей Зюсс») мать, присутствующая на казни сына удивляется: «Неужели этот старик мой сын?»

Но труп можно распознать по многим признакам. Мария сразу определит, что это не труп ее сына. Значит, труп должен исчезнуть. Согласно канонической версии, воскрешение подтверждено двумя фактами, исчезновением трупа и явлением Христа народу.

Вышеизложенное позволяет обсуждать следующую гипотезу.

**Пилат должен очистить страну от смутьяна, но убить его боится. Он опасается мести Бога. Он «договаривается» с Иисусом и тот, возможно, с комфортом и обеспечением

покидает страну. Одновременно, Пилат был уверен, что божий сын невосприимчив к физическим воздействиям. Поэтому Пилат, даже в случае, если и истязал Иисуса, не считал, что действительно истязает Христа.

Конечно, Понтий Пилат давал иногда евреям право помилования. Но есть ли такие наивные люди, которые поверят тому, что те, кто выбирали, кого они должны помиловать, не знали воли Пилата. И они хорошо знали, куда ведет ослушание.

Иисус, скорее всего, без согласования с Пилатом, является народу и подтверждает слухи о его воскрешении (божественности). Это дает толчок распространению учения, тем более что проповедники - апостолы уже были. К тому же, это давало возможность анонимно способствовать распространению своего учения в дальнейшем.

В случае если Иисус не был сыном Бога, была единственная возможность подтвердить воскрешение явлением народу. Впрочем, как он мог быть уверен, что он не сын божий? В это можно верить или не верить. Вот Тесей, узнав, что он сын Посейдона, с удивлением воскликнул, как это может быть, чтобы его мать этого не знала.

Не преуменьшая страдания любого умершего на кресте, отметим, что христиане несправедливы к другим с аналогичной судьбой. Последнее несовместимо с их учением.

В те же времена, за восстание против цезаря, вдоль всей дороги от Иерусалима до Рима, были установлены кресты с распятыми евреями. Первых, как и Христа, распяли в Иерусалиме после жестокого бичевания. Последних гнали в кандалах бичами, в жару и в холод, голодных и с поклажей, долгие месяцы.

Имена всех евреев погибших на крестах канули в лету кроме одного – Иисуса Христа. А ведь Иисусу повезло, как и тем, кто был распят в начале дороги Иерусалим – Рим.

8.3. УБИЙСТВО ТРОЦКОГО

8.3.1. Что у нас есть?

Многотомное и весьма детализированное описание, как Сталин выслал Троцкого из страны. Затем он много лет с огромными затратами охотился на него. В Советском Союзе газеты писали, что Троцкого убил палкой рабочий, когда он гулял около порта. Я, как другие, этому верил.

8.3.2. Анализ охоты на Троцкого

Был ли Сталин заинтересован в деятельности Троцкого - безусловно. Преступления Сталина, от которых кровь стынет в жилах, бесчисленны. Однако Троцкого не постигла судьба Бухарина, Кирова, Фрунзе и миллионов других. Троцкому Сталин «разрешил», выезд за рубеж. Зачем? Правы последователи Сталина, утверждая, что он был хорошим менеджером. Тому множество примеров.

Все это не стыкуется с высылкой Троцкого за рубеж и организацией его убийства с затратами в 5 миллионов долларов. Огромная сумма по тем временам. Следует напомнить, что Троцкий был отправлен с семьей. Это было после его поселения (по существу ссылки) в Казахстане. Это было через 4 года после убийства Фрунзе путем ненужной операции.

В феврале 2007 года я посетил дом – музей Троцкого. После осмотра дома, и следов пуль от покушения 24 мая и места убийства у меня появились сомнения в верности распространенной версии убийства Троцкого.

«Приказ об убийстве Троцкого был отдан Сталиным и главой НКВД Лаврентием Берией. В 1931 году на письмо Троцкого, предлагавшего создать единый фронт в Испании, где назревала революция, Сталин наложил резолюцию: "Думаю, что господина Троцкого, этого пахана и меньшевистского шарлатана, следовало бы огреть по голове через ИККИ (Исполком Коминтерна). Пусть знает свое место".

Ilya Kogan

По некоторым оценкам, охота на Троцкого обошлась НКВД примерно в 5 миллионов долларов». По сегодняшнему курсу это огромные деньги. «Огреть по голове через ИККИ» видимо не означало убить. Троцкий отличался от десятков, если не сотен, уничтоженных членами КПСС в разных концах планеты. Он имел авторитет в так называемом рабочем движении.

Убить его было не труднее чем остальных. Это станет очевидно каждому, кто осмотрит дом, двор и соседние строения. Однако он нужен был Сталину живым и союзником. Для этого его необходимо было заставить изменить излагаемые им враждебные идеи. Очевидно, что взятие в заложники и самое жестокое уничтожение членов семьи на Троцкого не могло подействовать. Вот за свою жизнь он дрожал и это был путь к «сотрудничеству».

«С 1927 года в течение последующих десяти лет Троцкий искал убежища в разных странах - Турции, Франции, Норвегии, но везде его присутствие оказывалось нежелательным. Наконец в 1937 году опальный идеолог революции нашел свое последнее убежище в Мексике». Этому содействовал Диего Ривера. Имеются свидетельства, что он и Кало говорили, что способствовали приезду Троцкого в Мексику, чтобы его убить. С другой стороны, на знаменитой фреске Риверы (1933 год) есть Ленин и Троцкий, но нет Сталина. Над постелью Фриды помещены: Макс, Энгельс, Ленин Сталин и Мао. В ее доме – музее я слышал, что этот набор был изменен в последние годы, после смерти Риверы.

24 мая 1940 года было совершено первое покушение. По этому поводу имеются различные версии:

Утверждается: «Тем временем Мексиканская коммунистическая партия, очевидно по заданию Москвы, решила "продублировать" действия специального агента и организовала собственный заговор с целью убийства Троцкого. 24 мая 1940 года его вилла подверглась вооруженному нападению. Более двадцати боевиков в масках буквально перевернули вверх дном весь дом, но хозяева успели спрятаться. Не иначе как сама судьба хранила кремлевского изгнанника: Троцкий, его жена и внук не пострадали».

Мне показалось, что стрельба «покушавшихся на жизнь Троцкого» была вовсе не беспорядочной. Она была очень упорядоченной, если удалось, выпустив «беспорядочно» сотни пуль и никого не ранить. Сикейрос в форме майора полиции видимо следил, чтобы пули летели в стены, где заведомо никого нет. Каждый может и сегодня в этом убедиться, посетив дом – музей Троцкого и исследовав следы пуль от покушений в его доме

Далее: «24 мая 1940 года группе сталинских убийц во главе с Давидом Альфаро Сикейросом, известным художником, удалось -наиболее вероятно, при соучастии охранника Шелдона Харта - проникнуть на территорию виллы Койоакан и в ранний утренний час ворваться в спальню Троцкого, паля из пулеметов. Хэролд и другие охранники оказались прижатыми к земле пулеметным огнем в другой части виллы. В конце концов, придя, очевидно, к выводу, что задание успешно выполнено, убийцы скрылись. Но они потерпели неудачу. Троцкому и его жене удалось укрыться на полу возле кровати».

Еще находим: «В архиве КГБ Григулевич фигурирует как "подлинный руководитель нападения на виллу Троцкого" в ночь на 24 мая 1940 г. он постучал в ворота, которые охранял телохранитель Троцкого американец Роберт Харт. Григулевич предварительно завязал знакомство с Хартом, подружился с ним, и Харт доверчиво приоткрыл ворота на знакомый голос. Группа ворвалась во двор. Первое покушение на Троцкого окончилось неудачей. Бандиты Сикейроса изрешетили автоматными очередями спальню Троцкого, но стреляли через закрытую дверь и, будучи уверенными в успехе, поторопились скрыться, не проверив результатов». Следы от пуль позволяют утверждать, что стреляли не вдоль, а почти перпендикулярно стенам, то есть не в спальню. Следы пуль на стене коридора противоположной спальне.

«Объясняя неудачу покушения, Судоплатов подчёркивал, что "группа захвата не была профессионально подготовлена для конкретной акции... В группе Сикейроса не было никого, кто бы имел опыт обысков и проверок помещений или домов". Нападавшие не являлись прямыми агентами НКВД, их подобрал Сикейрос только для участия в данной операции».

Затем появляется версия «само покушения»: «28 мая следственные органы уже были наведены на версию "само покушения", о чём свидетельствовал резкий поворот, происшедший в ориентации следствия и в отношении полиции к ближайшему окружению Троцкого». … «Троцкий обратился с письмом к Карденасу, в котором говорилось: "Г. Президент! … "если даже допустить невозможное, именно, что... я решил организовать "авто покушение" во имя неизвестной цели, то остаётся ещё вопрос: где и как я достал 20 исполнителей? Какими путями обмундировал их в полицейскую форму? …» Следуя подобной логике, Судоплатов мог объяснить непричастность тем, что его агенты никак не могли пешком перейти океан, чтобы попасть в Мексику.

Ilya Kogan

Однако, «член политбюро МКП Серрано Андонеги заявил, что Троцкий давал Сикейросу деньги не то на издание какого-то журнала, не то... на организацию "авто покушения"».

Следующий шаг психической атаки готовился задолго до 24 мая 1940 года. «Убийство Троцкого НКВД решило осуществить руками своего агента Рамона Меркадора, ... который до этого уже освоил начальный курс терроризма в Барселоне, продолжал совершенствовать полученные навыки в одной из **спецшкол НКВД, специализируясь по тайным убийствам. ...** Из Москвы он был направлен в Париж, где "случайно" познакомился с американкой по имени Сильвия, которая оказалась курьером Льва Троцкого. Рамон, по документам Жак Морнар, ... уговорил Сильвию выйти за него замуж». Это 1939 год.

«При выборе орудия убийства "тройка" (Эйтингон, Каридад и Меркадер) пришла к выводу, что лучше всего использовать малый ледоруб альпиниста, поскольку его легче скрыть от охранников и им можно нанести бесшумный удар, так, чтобы никто не успел прибежать на помощь Троцкому. Надеясь на свою физическую силу, Меркадер хотел убить Троцкого одним ударом ледоруба. Кроме того, в день убийства он захватил с собой нож и пистолет».

20 августа 1940 года «В 5 часов 30 минут явился без приглашения "Джексон", одетый так же, как и 17 августа, - в шляпе и с плащом, висящим на левой руке, прижатой к телу. Между тем он всегда хвастался, что не носит ни шляпы, ни плаща - даже в самую скверную погоду, а этот день был ясным и солнечным. … он направился к Троцкому, находившемуся у кроличьих домиков. Сопровождавшая его Седова спросила: "А статья ваша готова?" - "Да, готова". "Он вынул стеснённым движением руки, продолжая не отрывать её от корпуса и прижимая плащ, в котором были зашиты, как потом стало известно, топор и кинжал, и показал мне несколько листиков, напечатанных на машинке"».

Что в итоге? Профессиональный убийца, обученный в школе НКВД ударом ножа бесшумно убить, приходит с, навязанным ему «тройкой» неподходящим и громоздким арсеналом оружия. Чтобы спрятать этот арсенал он в очень жаркий день был одет на случай непогоды, которая случается в Мехико зимой раз в несколько лет. Это, безусловно, подтверждает, что его послали с целью быть разоблаченным. Случилось чудо – его не разоблачили, и он неуклюже выполнил задание. Он сам, видимо не знал истинных намерений Сталина, который хотел доказать Троцкому его уязвимость. Вот и пришлось Рамону присвоить звание Героя Советского Союза.

Ilya Kogan

С улицы стена дома надстроена, и очень высокая. Окна комнаты секретарей, выходящие в соседний двор, непрозрачны на высоту человеческого роста. Окна кабинета Троцкого прозрачны. Его рабочее место хорошо просматривается с крыши дома соседнего двора. Расстояние не более 30 метров. Двор, где часто бывал Троцкий, просматривается с нескольких соседних домов, выходящих на другие улицы.

На операцию истрачено примерно 5 миллионов долларов. В те времена в США такой дом стоил не более 10 тысяч, в Мехико куда меньше. Если хотели убить, то скупили бы эти дома и посадили там снайперов. Это значительно проще, дешевле, и главное, надежнее. Заведомо преследовалась иная цель, и убийство не было предусмотрено.

Что же есть на самом деле?

8.4. БЫЛ ЛИ КРИЗИС СПЛАНИРОВАН?

ПРИЧИНЫ, или что у нас есть?

В бизнесе по продаже домов кто-то нашел вид мошенничества, который сулил больший процент прибыли. И все бросились в этот бизнес.

Предлагался на 6 месяцев или год необыкновенно низкий процент по займу. Купить дом можно было без проверки дохода.

Весь мир бросился вкладывать деньги в ценные бумаги этого весьма доходного бизнеса.

На частые звонки я отвечал, что они ведут страну к финансовой катастрофе. Мои возможности противодействия этой очевидной финансовой аферы сводились к посылке Е-мэйл с разъяснением ситуации, в организации, от которых зависело предотвращения этого. Возможно, мои Е-мэйл никто не читал. Чем все закончилось известно.

Во всей истории с кризисом удивительно следующее. Я не экономист это ясно предвидел. Как получилось, что это не предотвратили экономисты.

На следующий день после окончательно утверждение Трампа президентом (точно на следующий день, что говорит, что это было заготовлено), началась мощная компания. Звонки и E-mail к хозяевам домов. Это похоже на повторение компании по организации кризиса.

Зачем? Видимо сорвать экономические планы Трампа.

8.5. О ПОВЫШЕНИИ ПЕНСИИ С ИНФЛЯЦИЕЙ

Что у нас есть?

1. Положение о повышении пенсий с инфляцией.
2. Падение покупательной способности пенсий, которое значительно больше инфляции.

Чего нет – объяснения.

8.6. И ТАК ДАЛЕЕ И ТОМУ ПОДОБНОЕ.

В упомянутых книгах обращается внимание на:

Всесилие бюрократической машины. На вред, который наносит бюрократия обществу.

Политэкономию социализма. Автор работал более 40 лет в этой системе.

Упоминается явление, порожденное Сноуденом.

Предупреждаются националисты, что их деятельность их погубит.

8.7. И ТАК ДАЛЕЕ.

9. ИЗ ЗАПИСНОЙ КНИЖКИ
(дополнение 2017)

Эта глава является дополнением к книге **"NOTE book"**.

Как я писал, моя записная книжка длиной более 80 лет. Многое исчезло из памяти, просто исчезло, а спросить уже не у кого. Окружение пустеет, осталось трое из друзей студенческих лет с которыми можно серьезно разговаривать, но и они как правило не помнят. Еще несколько кому можно позвонить, но не поговорить.

Со мной жили в комнате (1947) 18 студентов, я еще помню где стояли их кровати и их имена. Однако, если ошибаюсь, то их нет, чтобы проверить. Машину вожу все реже. Этот «зверь» сияющий «continental» как только даешь ему свободу на хайвэе за секунды уходит за 70 миль. Хорошо, что в пределах часа ходьбы есть магазины где можно купить все необходимое. Хорошо, что первые два этажа занимает семья сына, но внуки уже живут не с нами. Мы выбрали третий этаж, чтобы немного ходить по лестнице, а когда не сможем, то поставим кресла – лифты.

Нам странно, что существует свобода и материальное обеспечение нелегалов. Мы въехали по визам, которые долго ожидали. Через пять лет получили гражданство. Работали с первых дней до 70 лет, чтобы получать государственную пенсию. И нам недоступно то медицинское обеспечение, которое сразу получают те, кто въехал без визы, наплевав на закон.

Конечно они голосуют за социалистов, тем более, что им документ для голосования не нужен. А у нас просят показать паспорт. **ПРОСТО ЧУДЕСА.**

Работая в п/я 96, я слышал много рассказов. Там все руководство было из реабилитированных «врагов народа». Их вдруг ночью увозили на «Лубянку» и объявляли, что они «враги народа». Ожидая распределения в шарашку, они читали и играли в волейбол; команда «инженеров» против команды «ученых».

Доказывая, что отказ мне в выезде из Совка бессмыслен, я послал в компетентные организации экономическое обоснование. Однако читателю лучше посмотреть фильм о Петре Лещенко, чтобы понять экономическую суть системы.

Я больше верю словам Е. Евтушенко «... так спектакль для актера кончается, ну а зритель живет еще им.», чем разглагольствованиям о переживаниях артистов на сцене.

Американские журналисты – социалисты знают и боятся социалистов-руководителей. Они еще боятся, что их не пригласят в Россию.

Многие заслуженные авторы говорят о ненужности страшных атомных учений. Они были необходимы

1. Они показали возможность атаковать через эпицентр взрыва.
2. Они показали беззащитность ФРГ, которая поместила на границе атомные заряды.

А потери … для членов КПСС чепуха.

Сейчас головы рубить не нужно, достаточно увольнения. Куда, например, учитель денется.

А жизнь идет,
1933-34 недоедаю,
1943-44 голодаю,
1953-54 сыт наконец,
1993-94 проблема выбора (США).

Конферансье в круизе говорит, вы обратили внимание, что все улыбаются друг другу. Но и в этом раю есть огорченья, например, соседи говорят, что они точно такую каюту как наша купили в два раза дешевле.

Да течет жизнь и ученые говорят, что не за горами **СРЕДСТВО МАКРОПУЛОСА**

Очень давно я прочел СРЕДСТВО МАКРОПУЛОСА (К. Чапек 1922), интересно. Как ясно автор показал, что возможно омолодить организм очистив его от всего, что отложилось в нем годами. Поиском эликсира бессмертия уже занимаются тысячи лет. Это естественно, однако меня удивило, что так мало прогресса. Впечатление, что этим занимались только разведчики, которые искали у кого выкрасть этот, уже существующий, секрет. Наконец «о чудо» узнали о теломерах.

Мне казалось, что необходимо сравнить молодые и старые клетки. Я понимаю, что это не просто. Однако, и отличие длины теломеров и многие другие отличия были бы обнаружены за долго до ….

Видимо протоплазма молодых и старых клеток имеет отличия. В первую очередь это отложения в клетках и на стенках сосудов и органов. «Знахари» об этом догадываются. Есть множество руководств по очищению организма. То есть методов по омоложению клеток путем очищения их от шлаков и отложений, накопленных годами.

Убежден, что прорыв возможен при инженерном подходе к проблеме.

АНТИТРАМПИЗМ

Предвыборная борьба, одна сторона (вернее Хилари) уверена в своей победе. Своих соратников (соперников) она бесчестно уничтожила. Все ее поведение, по меньшей мере, странно.

Например, посылаются огромные массивы секретной информации открытым текстом. Одновременно эта информация посылается по закрытым каналам.

Разведки разных стран имеют возможность сравнив открытую информацию с закрытой найти коды и прочесть всю секретную переписку США. Была глупость, а в результате преступление.

Кто читает, Россия. Китай, Иран, Англия, Германия, и другие. То есть все страны, где в разведке сидят не дармоеды. Ведь это их обязанность.

Но самоуверенная глупость проигрывает целеустремленному Трампу. Время не повернешь, но злоба хочет гадить. Рецепт известен, и вот очередная серия фильма «Вся королевская рать». Во главе рати спец прокурор, грамотный, дотошный.

Он копает яму за ямой, но все мимо; все для Клинтонов и демократов. Странно, такой специалист должен предвидеть хоть на шаг вперед, не следует ему мешать, пусть продолжает. Материала уже достаточно на очередную серию (пародию) на фильм «Вся королевская рать».

Одновременно опозорены и СМИ США. Их освещение работы Трампа войдёт в историю. Урон престижу США они нанесли огромный. Уши вянут от их клеветы.

Меня беспокоит, что Трамп не пойдет на второй срок, зачем ему вся эта суета. Растить такую

Ilya Kogan

прекрасную семью не просто. И жена – красавица требует времени.

Надеюсь, что он воспитает плеяду достойных преемников.

10. ЕЩЕ О РАЗУМЕ ВО ВСЕЛЕННОЙ
(дополнение 2017)

10.1. ЛИРИЧЕСКОЕ ВСТУПЛЕНИЕ

В солидных книгах можно почесть о счастливом будущем общества, в котором сосуществуют люди и сингулярности. Впрочем, некоторые утверждают, что человеческая цивилизация, как правило, самоуничтожится.

Мне понравился стих Игоря Губермана на эту тему.

Ушли фашизм и коммунизм,
Зло вышло в новую конкретность,
Но сгубит мир не терророзм,
А бля*ская политкорректность.

Специалисты допускают исключения. В галактике примерно 10^{12} звезд. Пусть на тысячу звездных систем одна имеет планету с условиями для развития жизни. Последние публикации о поиске землеподобных планет это допускают.

Допустим, что на одной из тысячи планет общество преодолеет политкорректность и не погубит сябя. Тогда в каждой галактике будет миллион планет где жизнь будет развиваться и не самоуничтожится.

Во вселенной примерно 10^{12} галактик. То есть во вселенной развивается жизнь на 10^{18} планетах. На всех этих планетах появится, неизбежно появится, сингулярность.

Для появления сингулярности требуется примерно шесть миллиардов лет. Множество звезд, согласно красному смещению, существуют примерно 10 миллиардов лет. Следовательно на некоторых возраст сингулярности несколько миллиардов лет.

Есть смысл рассмотреть, что успела сингулярность за это время и что ее ждет. Мне нравится высказывание Р. Курцвейла

"So will the Universe end in a big crunch, or in an infinite expansion of dead stars, or in some other manner? In my view, the primary issue is not the mass of the Universe, or the possible existence of antigravity, or of Einstein's so-called cosmological constant. Rather, the fate of the Universe is a decision of the jet to be made, one which we will intelligently consider when the time is right".

Из этого высказывания следует, что свой лимит времени может определить сама сингулярность. Впрочем, последнее верно, если удастся преодолеть принципиальные физические трудности на этом пути.

10.2. ЗАМКНУТАЯ ВСЕЛЕННАЯ

Примерно раз в 15 - 20 миллиардов лет замкнутая вселенная проходит через феномен Большого Взрыва (ВВ). Очевидно, что в этот период вся жизнь, включая сингулярность, будет уничтожена. То есть время существования сингулярности равно интервалу между большими взрывами минус шесть – семь миллиардов лет.

Это почти 10 миллиардов лет. В условиях закона ускорения развития почти бесконечное время с позиций истории развития жизни на земле.

Напомню, что эволюция сингулярности принципиально отличается от эволюции жизни, известной на Земле. Эволюция живых организмов происходит небольшими изменениями от поколения к поколению. Сингулярность может спроектировать и изготовить потомка, который принципиально отличается от предков. Такое проектирование потомков не связано с естественным отбором. Подчеркну, что это в условиях ускорения развития.

Однако, БВ неотвратим.

10.3. ОТКРЫТАЯ ВСЕЛЕННАЯ

На время забудем о законах сохранения, влияющих на вечность и бесконечность Вселенной, червоточинах, множественном параллельном сосуществовании вселенных, мгновенной связи и других явлениях, рассматриваемых физиками. Допустим, что наша Вселенная единственная, которая вечно и бесконечно расширяется в порождаемом ею пространстве.

Конечно могут возникнуть требования к уточнению понятия расширения пространства. Например, если все увеличивается в размерах, то растет и единица длины. Как узнали о расширении?

Увеличивается ли размер элементарных частиц. Ведь это может повлиять на физические законы.

В этом предположении сингулярности отпущено бесконечное будущее, которым она вправе распоряжаться.

Допустим, что звезда рассматриваемой планеты не проходит стадию сверхновой, она превратится в холодный карлик. Сингулярности потребуется свой источник энергии и роботы по обслуживанию.

Источником энергии может служить реактор водородного синтеза. К тому времени будем полагать, что технические вопросы будут решены.

Обслуживание людьми, по-видимому, следует исключить даже если будут решена проблема бессмертия. Аварийность неизбежно приведет к постоянному уменьшению общества людей.

Более надежными и возобновляемыми будут автоматы. Их образы показаны во многих фильмах. Уже сегодня можно создать механического паука. Его можно снабдить двумя парами глаз, локаторов и рук. В лабораториях уже есть и испытаны мышцы и кожа, обладающая чувствительностью.

Почему же мы не знаем о существовании сингулярности в нашей вселенной. На этот вопрос я высказал мнение ранее. Напомню, что есть много проблем, угрожающих сингулярности.

10.4. УГРОЗЫ

Элементная база сингулярности будет более миниатюрной, чем электроника современных вычислительных устройств. Есть много условий, влекущих выполнение этих требований.

Периодически происходят вспышки на солнце, которые нарушают работу электронных устройств на земле. Эти вспышки не проходят незамеченными и для нервной системы человека. По-видимому, вспышки подобные, например, тем, что была 9 сентября 2017 года могут погубить сингулярность, которая появится на земле. Это не самая мощная зафиксированная вспышка.

Выделение энергии мощной солнечной вспышки до 6×10^{25} джоулей. Это примерно 10^{-5} мощности солнечного излучения. Излучение солнца длится 10 миллиардов лет или примерно 10^{18} секунд. То есть одна вспышка это примерно 10^{-23} от излучения солнца.

Если происходит взрыв сверхновой звезды с массой порядка 5 солнечных масс, то выделяемая энергия превышает энергию вспышки солнца в 10^{23} раз.

Вспышки на солнце находятся на расстоянии 8 световых минут от земли. В нашей галактике регулярно появляются сверхновые.

Напоминаю, что речь идет о миллиардах лет. Расстояние до места взрыва порядка 5000 световых лет, но есть и меньше. Это примерно 10^9 световых минут или 10^8 расстояний от солнечной вспышки. То есть взрыв сверхновой в соседней галактике примерно эквивалентен Sq.Rt(10^{23}) / 10^8 и более опасен (более разрушителен) для сингулярности, чем солнечные вспышки. Живые биологические существа неоднократно пережили это явление. Для сингулярности это не реально.

10.5. ЗАЩИТА

Доступная защита может быть достигнута размещением сингулярности в глубоком подземелье. Впрочем, это не спасает от проникающих потоков нейтральных частиц, например, нейтрино или нейтронов.

Возможны и другие варианты. Например, планета находилась в тени (была заслонена) огромной черной дырой в центре галактики. Это поможет, если массивные черные дыры непроницаемы для любых потоков энергии и частиц.

Вполне вероятно, что из 10^{18} планет тысячи окажутся защищенными черными дырами. Это ничтожно малая часть, но на тысячах планет сохранится жизнь и сингулярность.

10.6. БЕСКОНЕЧНАЯ ВСЕЛЕННАЯ

Автор убежден в вездесущности законов сохранения и, как следствие, бесконечности Вселенной с бесконечным множеством локальных вселенных. Наша вселенная одна из них.

Реакция синтеза водорода примерно в 100 раз менее эффективна, чем превращение материи в энергию. По-видимому, при БВ происходит такое превращение, то есть масса вселенной превращается в энергию по крайней мере не менее 1% ее массы.

В средней локальной вселенной 10^{24} звезд. БВ соседней вселенной происходит на расстоянии миллиард световых лет или в миллион раз дальше, чем взрыв сверхновой в соседней галактике. Его излучение будет ослаблено в 10^{12} раз. То есть излучение БВ в соседних вселенных будет значительно превышать разрушительное излучение солнечных вспышек и сверхновых, а именно примерно $10^{24} / 10^{12} = 10^{12}$ раз.

Каждая локальная вселенная имеет около 10 таких соседей. То есть примерно через каждые два – три миллиарда лет все сингулярности в каждой соседней вселенной будут уничтожены. Например, если на нашей планете появится сингулярность, то она проживет не более трех – четырех миллиардов лет.

Возможно сингулярность близка, но она не долговечна. Возможно человечество ее переживет, если оно способно сохраниться после такой дозы облучения, которая действует продолжительное время. Есть основания полагать, что живые существа могут пережить такие явления. На земле жизнь развивается более 5 миллиардов лет. За такой промежуток времени в одной из соседних вселенных должен был произойти ВВ. Взрывов сверхновых в нашей галактике были тысячи или миллионы.

Впрочем, необходимо учесть огромные интеллектуальные и технические возможности сингулярности. Если черные дыры позволяют спастись от губительного излучения, то сингулярность может принять меры. Например, заранее переместиться в безопасное место. Это позволяет существовать до БВ в своей вселенной.

Если сингулярности станет возможно, процитированное выше, предположение Р. Курцвейла, то время жизни сингулярности существенно возрастет.

Как сингулярность будет проводить свое время? Я еще не дорос чтобы даже фантазировать на эту тему.

www.ingramcontent.com/pod-product-compliance
Lightning Source LLC
Chambersburg PA
CBHW050157230526
45470CB00001B/126